轻松玩转 Arduino 编程

小左实验室　编著

机 械 工 业 出 版 社

本书是由小左实验室所有成员共同编写的一本极具学习价值和参考价值的图书。本书主要以Arduino Mega2560为主线，展开对Arduino各方面知识系统全面的讲解，通过丰富详尽的例程讲授当前流行的Arduino知识，使初学者可以很快入手，并且创造出自己的Arduino项目。同时，本书采用手把手的教学方式，使读者学会如何使用各种电子元器件，以及学会如何实现使用Arduino编程对各电子元器件的控制和通信。

第1章详细地介绍了Arduino Mega2560的硬件资源及Arduino的编程环境；第2章讲述了Arduino语言的程序结构、基本语句、程序控制、操作符、变量、基本函数等；第3~6章通过实验的方法分别介绍了Arduino Mega2560的串口通信、I/O端口和时间函数的操作、模拟信号的采集并实现A-D转换及PWM的输出；第7章主要介绍了Arduino内部库，类的定义、结构、使用和特性；第8~11章主要通过实验的方法介绍了Arduino内部库和类的使用、I²C通信、SPI通信、中断、键盘显示和数据存储。

本书主要面向对象是Arduino的初学者，同时本书也介绍了一些有难度和实用性强的项目，对于相关技术人员也有很好的参考价值。

图书在版编目（CIP）数据

轻松玩转 Arduino 编程 / 小左实验室编著 . — 北京：机械工业出版社，2016.11

（创客＋）

ISBN 978-7-111-55495-0

Ⅰ . ①轻… Ⅱ . ①小… Ⅲ . ①单片微型计算机 – 程序设计 Ⅳ . ① TP368.1

中国版本图书馆 CIP 数据核字（2016）第 279204 号

机械工业出版社（北京市百万庄大街 22 号 邮政编码 100037）
策划编辑：江婧婧 责任编辑：江婧婧
责任校对：肖 琳 封面设计：鞠 杨
责任印制：李 昂
北京中科印刷有限公司印刷
2017 年 3 月第 1 版第 1 次印刷
169mm × 239mm · 9.25 印张 · 194 千字
0 001—3000册
标准书号：ISBN 978-7-111-55495-0
定价：55.00 元

凡购本书，如有缺页、倒页、脱页，由本社发行部调换
电话服务 网络服务
服务咨询热线：010-88361066 机工官网：www.cmpbook.com
读者购书热线：010-68326294 机工官博：weibo.com/cmp1952
010-88379203 金 书 网：www.golden-book.com
封面无防伪标均为盗版 教育服务网：www.cmpedu.com

前　言

　　本书将针对自动化工程、电气工程程序设计零基础的学生或工程师，培养他们对单片机 Arduino（C++）语言编程及其外围电路的设计能力，增强他们对单片机的亲近感和应用理解。通过本书的学习，使大家掌握单片机的基本原理，独立设计单片机外围电路，编写单片机的 Arduino 程序，掌握嵌入式系统的面向对象程序设计方法。

　　本书内容分为两部分，共 11 章，基础部分（第 1~6 章）：主要讲解 Arduino 开发板、Arduino 程序与 C++ 语言、串口通信、I/O 端口、A-D 采样、PWM 输出与模拟信号。进阶部分（第 7~11 章）主要讲解与外围电路的通信，及一些实用编程技术和应用，例如，类设计与库、I^2C 通信、SPI 通信、中断、数据存储。

　　本书内容浅显易懂，实现方法多变，鼓励以自学为主，以动手实践为辅，内容学习之后安排电路搭建实验或程序设计实验作为练习。

　　本书适用人群与阅读目标：

　　本书将针对电气工程、自动化工程、电子工程、通信工程以及非信息类工程有一定电路基础的学生和工程师，培养他们对单片机 Arduino（C++）语言编程及其外围电路的设计能力，增强他们对单片机的亲近感和应用理解。

　　内容特色：

　　通过本书的学习，使学生完全掌握单片机的基本原理和工程应用，能够独立设计单片机外围电路，编写单片机的 Arduino 程序，基本掌握嵌入式系统的面向对象程序设计方法。

目　　录

第1章

Arduino 初解与 Mega2560 实验板

1.1　Arduino 的前世今生

Arduino 是古代意大利北部的一个国王的名字，他的名字用在现代社会，却代表了一种编写单片机程序的开发语言和编程环境，这得感谢意大利 Ivrea 一家科技设计学校的老师 Massimo Banzi 和当时正在这所学校做访问学者的 David Cuartielles 教授，是他们为非专业类学生学习现代嵌入式计算机技术而研制了这种工具，并在其所在的大学讲解相关课程。虽然如此，但由于其简单易懂，语言开发简单明了，也受到诸多电子类专业的学生、老师和专业开发工程师的青睐，尤其适合开放源代码的项目。

Arduino 开发环境界面是基于开放源代码的原则，可以免费下载，让你很快上手，开发出令人惊奇的电子产品，其网址为 https://www.arduino.cc。目前适合 Arduino 的开发芯片，主要包括 Atmel 公司的 Mega 系列 8 位单片机，如 Mega16，Mega328，Mega2560 等。目前主要的学习开发板参见图 1-1，包括 Arduino UNO、Arduino Leonardo、Arduino Mega2560。其中，Arduino Mega2560 是一款资源相对丰富，功能最为典型的开发板，因此本书将以 Mega2560 开发板为主要学习目标，带领读者学习 Arduino 嵌入式软件编程和硬件设计知识。

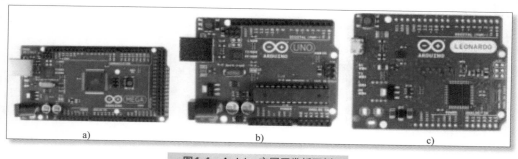

a)　　　　　　　　　　b)　　　　　　　　　　c)

图1-1　Arduino官网开发板图例

a）Arduino Mega2560　b）Arduino UNO　c）Arduino Leonardo

Arduino 是一款开源的单片机开发平台，具有编程语言和开发环境简单、易于调试、开发周期短、资源丰富等特点，能够让你快速做出很多有趣的东西。在 Arduino IDE 开发环境下，配合 Mega2560 单片机与其他开发套件，如 LED 灯、超声波传感器、蜂鸣器、按键、GPS、陀螺仪、光敏电阻、通信模块、直流电机、步进电机、电机控制器、计算机等，搭建集成硬件系统，经过简单的编程就可以实现期望的功能。

Arduino 的特点：

（1）开放源代码的电路设计。

（2）下载程序简单方便。

（3）开发环境和开发语言简单易懂。

（4）使用高速的微处理单片机。

（5）可方便实现与各种传感器等电子设备构成硬件系统以完成各种有趣的功能。

听听看过 Arduino 相关书籍的学生的评价，会增加你的学习兴趣和自信心：

> ※ 我彻底爱上了 Arduino，它很自由，很交互，很易用，深深地吸引了我。
> ※ 没有复杂的单片机底层代码，没有难懂的汇编，只有简单的函数，它必将引领一个新的时代。
> ※ 它有丰富的接口，简便的编程环境，极大的自由度，可扩展性能非常高，标准化的库模式为它的发展奠定了坚实的基础。

听到这些激动人心的评价，感觉怎么样？下面我们就要开始 Arduino 的探索之旅啦！

1.2　Mega2560 R3 开发板

Arduino Mega2560 R3 是一款基于 ATMega2560 单片机的学习开发板，它有 54 路数字输入、输出端口，有 15 个端口可以产生 PWM 输出，16 路模拟信号输入，4 个 UARTS（Hardware Serial Ports）串口，16MHz 晶振，USB 接口，电源端口，ICSP 编程口和一个复位按钮。它包含了支持微处理器的众多能力，一般情况下可简单的通过 USB 线缆与计算机通信并供电，如果外围电路功耗较大，可直接通过开关电源供电。

Mega2560 与以往 Leonardo、UNO 等学习开发板与计算机的连接方式不同，Leonardo、UNO 等学习开发板是通过 FTDI USB-Serial 驱动芯片与计算机串口相连，而 Mega2560 是通过 ATmega16U2 编程的方式虚拟一个 USB-Serial 转换器，简单实现程序下载和串口通信功能。

Mega2560 学习开发板的实物图参见图 1-2，相关电路图和 PCB 资料参见网址：http://arduino.cc/en/Main/ArduinoBoardMega2560。

a）

图1-2　Arduino Mega2560 R3学习开发板实物图

a）Arduino Mega2560 开发板正面照

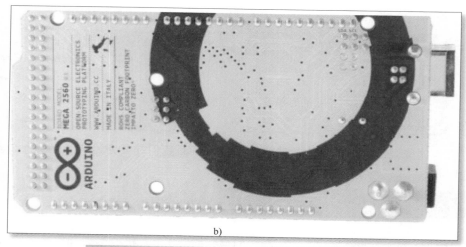

b)

图1-2 Arduino Mega2560 R3学习开发板实物图（续）

b）Arduino Mega2560 开发板背面照

Mega2560 开发板基本参数见表 1-1：

表 1-1　Mega2560 开发板基本参数

名　称	参　数	名　称	参　数
处理器	ATmega2560	3.3V 端口输出电流	50mA
工作电压	5V	Flash 存储器	256KB
供电电压	6~20V	SRAM 内存	8KB
数字输入 / 输出	54	E^2PROM 存储器	4KB
模拟信号输入	16	Clock 时钟	16MHz
I/O 端口输出电流	40mA	外部接口	4 UARTs、I^2C、SPI

（1）电源

Arduino Mega2560 R3 可通过 USB 连接供电，或者外部供电，电源自动选择。外部电源来自 AC-DC 适配器，与开发板上的电源插座相连。其外部电源供电电压范围为 6~20V，如果低于 7V 供电，开发板上 5V 输出电源可能低于 5V 或者不稳定，如果高于 12V 供电，电压调节器可能过热并损坏开发板，因此建议的供电电压范围在7~12V。

开发板上的电源插针描述如下：

+VIN：当用外部电源时，作为开发板电源输入端。

+5V：通过开发板调节输出 5V 电压，来自于 DC 电源、USB 或者 VIN 供电端口。

+3.3V：3.3V 供电端口，来自于电源调节器，最大电流 50mA。

+GND：接地端。

+IOREF：开发板提供参考电压的端口，可以通过配置使其工作在 5V 或者 3.3V。

（2）存储器

ATmega2560 有 256KB 的 Flash 存储器，用于存储程序代码，其中有大概 8KB 用于存储 bootloader；有 8KB 的 SRAM 随机存储器或称为内存；4KB 的 E^2PROM，在掉电情况下可保存程序重要数据。

（3）输入 / 输出

ATmega2560 的 54 个数字端口可设置为输出或者输入，通过函数 pinMode() 设置端口的输入 / 输出的状态，通过函数 digitalWrite() 和 digitalRead() 对端口进行读写。端口工作电压为 5V。每个端口可以提供或接收 40mA 的 DC 电流，端口有内部的上拉电阻，阻值为 20~50kΩ。

+UARTS：Serial 0：0（RX），1（TX）；Serial 1：19（RX），18（TX）Serial 2：17（RX），16（TX）Serial 3：15（RX），14(TX)。其中，0、1、14、15、16、17、18、19 为芯片引脚。

Eternal Interrupts:2 (Interrupt 0)，3 (Interrupt 1)，18 (Interrupt 5)，19 (Interrupt 4)，20 (Interrupt 3)，21 (Interrupt 2)。

+PWM：端口 2~13 和 44~46 输出脉宽调制波，通过 analogRead() 函数提供 8-bit PWM 输出。

+SPI：4 线 SPI 接口，50(MISO)，51（MOSI），52（SCK），53（SS）。这些端口通过 SPI 函数库支持 SPI 通信。

LED 13：在开发板上有 LED 灯与数字端口 13 相连，当 13 端口为高电压时，灯亮，为低电压时，灯灭。

I2C：20(SDA)，21(SCL)。通过 Wire 函数库支持 I^2C 双线通信模式。

模拟电压输入：有 16 个端口可以接收模拟电压输入，每个端口提供 10bits 的分辨率，即范围在 0~1023。最大模拟输入电压为 5V，但也可以通过 analogReference() 函数设置 3.3V 参考电压输入模拟信号。

+AREF：模拟信号的参考电压，使用 analogReference() 函数可对其进行设置。

+RESET：信号为低时重启微处理器。

（4）通信

Arduino Mega2560 开发板可以通过多种方式与计算机、其他 Arduino 开发板或其他微处理器通信。它提供 4 个 TTL 电平的 UARTs 串口通信。ATmega16U2 提供 USB-serial 功能与计算机通信。Arduino 软件包括串口通信，允许简单的文本数据通过 serial0 传递到计算机上，这时在开发板上的 RX 和 TX LEDs 将闪烁，数据将经过 ATmega16U2 芯片通过 USB-serial 传输到计算机上。

SoftwareSerialLibrary（软串口库函数），允许通过任意的 Mega2560 串口进行通信。同时，WireLibrary 库函数还支持 Mega2560 TWI 总线通信，SPILibrary 库函数支持 SPI 通信。

（5）编程

Arduino Mega2560 开发板通过 Arduino IDE 软件进行编程，编程细节有单独的章节描述。开发板芯片上有预先烧录的 bootloader，允许开发者上载新代码而无需外部硬件编程器。它采用原始的 STK500 协议进行通信。当然，也可以通过 ICSP（In-Circuit Serial Programming）上载 bootloader 固件。

开发板上 ATmega16U2 的固件资源代码参见 Arduino 资源，它加载的是 DFU bootloader。在 Mega2560 R3 版本的开发板上，由一个电阻将 16U2 HWB 线连接到 GND，使 ATmega16U2 进入到 DFU 模式。你可以用 Atmel 公司的 FLIP 软件加载新固件，或者使用外部编程器通过 ISP 接口烧录。

（6）自动重启

在加载程序之前，无需手动按压 Reset 按钮，Arduino Mega2560 允许在连接计算机时通过软件运行 Reset。ATmega16U2 的硬件流程控制线（DTR）与 ATmega2560 的 Reset 线通过 100nF 的电容相连。当这条线端口拉低电位，同时，Reset 线拉低时间足够长时，重启芯片。Arduino 软件正是利用这一特点，允许程序员上载代码仅仅通过简单的单击 Arduino IDE 开发环境中的 Upload（上传）按钮。此操作意味着有一定的时间延迟，拉低 DTR 线能够很好的协调上载程序的启动。

（7）USB 过电流保护

Arduino Mega2560 开发板上有 500mA 自恢复熔丝，当 USB 端口短路或者过电流时来保护计算机。尽管计算机提供自己的内部保护，熔丝也同时提供一层外部保护层，如果有 500mA 电流通过 USB 端口，那么自恢复熔丝将自动断开连接，直到短路或负载恢复。

（8）开发板外观

Arduino Mega2560 开发板长宽外形 4in⊖*2.1in，带 USB 连接和电源插头，有 3 个螺钉孔用于固定，数字针 7 与数字针 8 的距离是 160mil⊖，其他针间距为 100mil。Mega2560 设计的很巧妙，与其他开发板具有一定的兼容性。

1.3 Arduino 软件安装

（1）在淘宝上或者联系本书作者，购买 Arduino Mega2560 开发板。

（2）下载 Arduino 软件开发环境。

Arduino 是开源软件，最新版本是 ver1.6.3，有运行在不同操作系统上的软件，下载时可以注意开发者的操作系统，软件下载地址 http://arduino.cc/en/Main/Software。解压缩下载软件，生成软件目录参见图 1-3。目录中文件 drivers 为 USB 转串口驱动目录，文件 Arduino 是软件运行文件。

⊖ 1in=0.0254m。

⊖ 1mil=25.4×10⁻⁶m。

图1-3　Arduino软件目录

（3）USB 驱动安装

使用 USB 线缆将开发板与计算机相连，系统自动探测到有新硬件。在桌面上，选择"我的电脑"，单击鼠标右键出现弹出菜单，选择"管理"，打开计算机设备管理器，如图 1-4 所示，鼠标右键单击"未知设备"，出现弹出菜单，选择"更新驱动程序软件"。

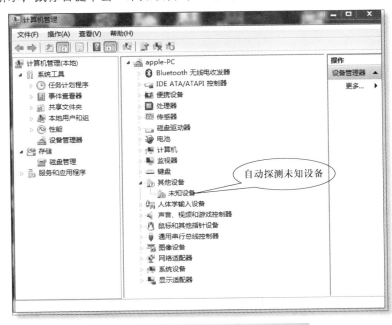

图1-4　设备管理器自动出现新硬件信息

出现驱动程序选择画面后，选择浏览计算机上驱动程序文件，选择 Arduino 软件目录下的 drivers 目录，参见图 1-5。

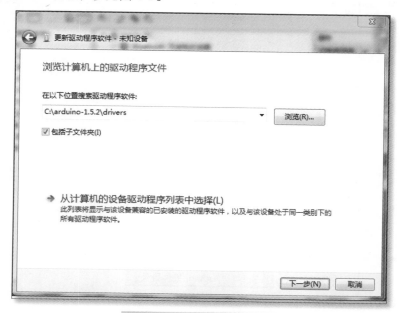

图1-5 选择驱动程序目录

单击"下一步"，按照提示安装驱动，正确安装后设备管理器的画面参见图 1-6。

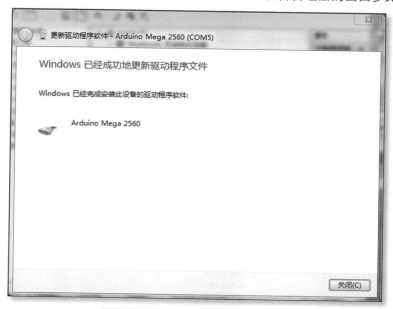

图1-6 USB-serial驱动安装完成

打开设备管理器，未知设备已经安装完成，参见图 1-7。

图1-7　正确安装Arduino Mega2560驱动程序的设备管理器

（4）运行 Arduino 软件

正确安装 USB-serial 驱动程序后，运行软件下载目录下的 Arduino 软件。由于 Aruino 软件是独立运行软件，无需安装，因此直接双击 Arduino 运行程序，运行成功后，画面如图 1-8 所示。

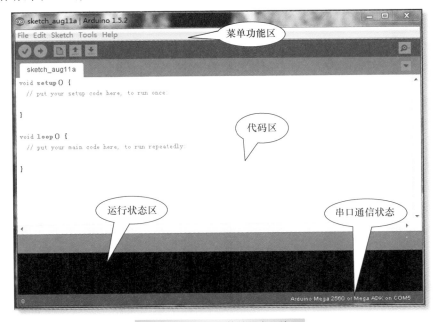

图1-8　Arduino软件开发环境

1.4 Arduino 编程环境

1. Arduino 编程环境

Arduino 编程环境运行后画面参见图 1-8，画面分为 4 个区：菜单功能区、代码区、运行状态区和串口通信状态区。

菜单功能区：实现软件的主要功能，包括上传程序、程序编辑、设置开发板、串口通信监控、设置烧写器、编译程序、添加文件、引入库函数文件、烧录 bootloader 等。

代码区：程序代码编写区，项目工程可以有多个文件。

运行状态区：程序编译、链接、上传等状态显示，错误信息提示等。

串口通信状态区：显示当前通信的串口状态。

Arduino 软件菜单的主要功能说明如下：

"File"→"New"：新建 Arduino 文件，Arduino 新文件扩展名为 ino。

"File"→"Upload"：通过 USB-serial 方式上载编译好的程序。

"File"→"Upload using programmer"：通过外部编程器的 ICSP 方式上载编译好的程序。

"Edit"→"Comment/Uncomment"：通过 // 方式注释程序或者反注释。

"Sketch"→"Verify/Compile"：验证编译程序。

"Sketch"→"Add File"：添加项目文件。

"Sketch"→"Import Library"：引入特定库文件，用于实现特定功能。

"Tools"→"Auto Format"：对程序代码的自动格式。

"Tools"→"Serial Monitor"：串口通信监视，程序可以通过 serial 0 输出数据。

"Tools"→"Board"：设置开发板型号，如 Arduino Mega2560 或 Mega ADK。

"Tools"→"Serial Port"：设置编程的串口，如 COM5。

"Tools"→"Programmer"：设置外部程序烧录器。

"Tools"→"Burn Boot loader"：烧录引导程序 bootloader。

2. Arduino 工程

Arduino 的程序文件以 ino 为扩展名，一个 Arduino 工程可以由多个 ino 文件组成，Arduino 环境自动将工程的相关文件加载。

例如：

（1）运行 Arduino 软件，系统默认给出一个文件 sketch_sep23a.ino，注意该文件没有保存到磁盘中。

（2）"File"→"save"保存文件到一新建目录，取名 file1.ino，该目录将用于本例新建的工程。

（3）"File"→"new"再次在工程中建立一个新文件，将该文件保存到单独目录，取名 file2.ino。

（4）"Sketch"→"Add file…"在新建的例程中添加文件，选择文件 file2.ino。当

然如果想删除 file2.ino，可以在选择 file2.ino 文件后，单击右侧黑色三角选项，出现弹出菜单，选择删除文件，系统会提示是否删除文件。

（5）"File"→"save" 单击保存快捷键或者菜单键，系统自动将 file1.ino 和 file2.ino 保存到一个目录里。这样再次打开 file1.ino 或者 file2.ino，它们将一起打开，如图 1-9 所示，为 Arduino IDE 工程文件示意图。

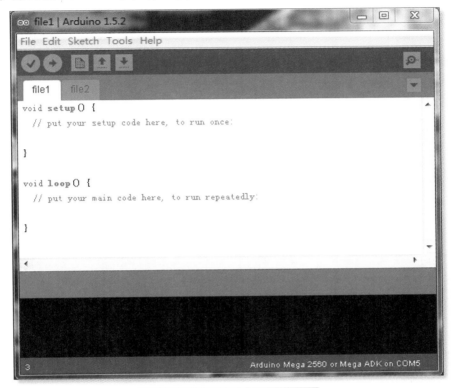

图1-9　Arduino工程文件示意图

（6）设置开发板类型。以 Arduino Mega2560 为例，选择 "Tools"→"Board"→"Arduino Mega2560 或 Mega ADK"，选定开发板后，系统会记住所选择的开发板类型。

（7）设置串口。程序下载前，需要确认程序下载的串口号，即 USB-serial 的串口号，选择 "Tools"→"Serial Port"，正确烧录 bootloader 后系统自动给出通信串口，如 COM6，选定后，系统会记住所选串口号。不同的电脑端口号可能不同，大家需要根据自己的电脑端口号进行选择。

（8）编译。程序经过 "Sketch"→"Compile/Verify" 编译后，没有错误和警告，说明已经准备好向单片机传递程序，参见图 1-10，准备上载程序。

（9）上载程序。选择 "File"→"Upload"，上载程序，开发板程序将自动运行。例如，我们编写一个简单程序，程序功能为将系统运行时间通过串口显示出来，程序和编译后的效果参见图 1-10。串口显示可以通过 "Tools"→"Serial Monitor" 选择来监视串口数据，参见图 1-11。

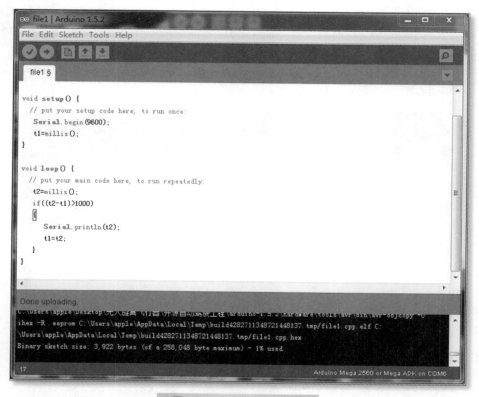

图1-10　程序编译显示信息

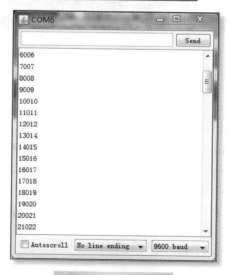

图1-11　串口监视

1.5　第一个程序运行

　　Arduino 程序语言其实和 C++ 语言一样，只不过是经过简单包装以适合单片机系统开发的语言。首先，运行 Arduino 软件，根据 1.4 节所介绍的内容建立属于自己的 Arduino 工程，编写如下程序：

```
int t1, t2;
void setup() {
  // 将启动程序放此处，运行一次
    Serial.begin(9600);
    t1=millis();
}
void loop() {
  // 将主程序放此处，重复运行
    t2=millis();
    if((t2-t1)>1000)
    {
      Serial.println(t2);
      t1=t2;
    }
}
```

　　程序编写完成后，进行编译并保存。这段程序实现的功能主要是将系统运行时间的毫秒数据，每隔 1s 通过串口 0 发送出去，那么它是如何完成的呢？

　　首先程序有 setup() 和 loop() 函数，是所有用户程序都必须包含的。程序首先执行 setup() 函数，仅仅执行一次，用于初始化、参数设置等；loop() 函数为循环函数，在 setup() 函数运行完以后循环执行，不重置或不断电情况下，将永远循环运行 loop() 函数里的程序，loop() 函数可以执行单片机的主要功能函数，用于完成设计任务。

　　程序里定义的 t1、t2 两个整数变量是全局变量，可以在程序的任何地方使用，用于传递信息。例如，t1 在 setup() 函数中进行了设置（t1=millis();），在 loop() 函数中也进行了引用，if((t2-t1)>1000)。

　　在 setup() 函数中，首先进行了串口 0 的初始化设置，初始化串口通信波特率为 9600，即设置 Serial 的波特率，即 Serial.begin(9600)；其次给全局整数变量 t1 赋值，即 t1=millis(),millis() 函数是计算程序从开始运行到时间，直到最大值结束，重新计时，以毫秒为单位，可以计时大约 50 天。

　　在 loop() 函数中，首先给全局变量 t2 赋值，即 t2=millis()，然后判断 t2-t1 是否大于 1000，即 if((t2-t1)>1000)，如果 t2 与 t1 的间隔时间大于 1000，那么执行串口输出 Serial.println(t2)，并重新给 t1 赋值，t1=t2。

　　注意：Arduino 程序与 C++ 语言程序一致，所有语句都以"；"结尾，并可以使用"//"进行程序注释，大括号"{}"用于程序模块化，函数主体或者模块都可以使用

"{}"扩起来。无论是程序变量、对象还是函数名字，Arduino 语言里都区分大小写，因此需注意：Serial 与 serial 是完全不一样的两个对象。

1.6 硬件与软件结合的产物

从上面编写的程序看，代码可能还与硬件无关，但其实 Arduino 程序是一个和硬件打交道的程序，所有程序都在跟单片机打交道，因此仍然需要简单了解单片机的资源。

例如，如果要串口输出数据，那么就需要知道有哪些串口以及从哪个串口输出数据的问题，例如 Serial.Begin(9600)，这是一个和串口 0 打交道的串口函数，用于设置串口 0 的通信波特率。

又如，如果需要系统的运行时间，那么 Arduino 在内部准备了一个函数 millis() 用于计算系统时间，那么还需要了解相关的 Arduino 函数，以便在编写程序时更快、更简单。

再如，如果还需要了解单片机的 CPU 模型、中断、通信等，哪些是外部中断，外部中断如何启动，启动后应该执行哪些程序，程序的工作时间是否满足要求等，还需要了解相关电路设计的相关知识等。

编写 Arduino 程序，需要程序员了解单片机资源、电路设计、CPU 模型、Arduino 编程资源等知识，另外还要学习编写 C++ 程序，这样才能将设计的电路和编写的程序有效地结合起来。

其实，Arduino 是硬件与软件结合的产物。

请参考 Arduino Mega2560 开发板引脚与定义映射表，见表 1-2。

表 1-2 Arduino Mega2560 引脚与定义映射表

Arduino 引脚序号	引脚名称	映射的引脚名称
1	PG5（OC0B）	Digital pin 4 (PWM)
2	PE0（RXD0/PCINT8）	Digital pin 0 (RX0)
3	PE1（TXD0）	Digital pin 1 (TX0)
4	PE2（XCK0/AIN0）	
5	PE3（OC3A/AIN1）	Digital pin 5 (PWM)
6	PE4（OC3B/INT4）	Digital pin 2 (PWM)
7	PE5（OC3C/INT5）	Digital pin 3 (PWM)
8	PE6（T3/INT6）	
9	PE7（CLKO/ICP3/INT7）	
10	VCC	VCC
11	GND	GND
12	PH0（RXD2）	Digital pin 17 (RX2)
13	PH1（TXD2）	Digital pin 16 (TX2)

（续）

Arduino 引脚序号	引脚名称	映射的引脚名称
14	PH2（XCK2）	
15	PH3（OC4A）	Digital pin 6 (PWM)
16	PH4（OC4B）	Digital pin 7 (PWM)
17	PH5（OC4C）	Digital pin 8 (PWM)
18	PH6（OC2B）	Digital pin 9 (PWM)
19	PB0（SS/PCINT0）	Digital pin 53 (SS)
20	PB1（SCK/PCINT1）	Digital pin 52 (SCK)
21	PB2（MOSI/PCINT2）	Digital pin 51 (MOSI)
22	PB3（MISO/PCINT3）	Digital pin 50 (MISO)
23	PB4（OC2A/PCINT4）	Digital pin 10 (PWM)
24	PB5（OC1A/PCINT5）	Digital pin 11 (PWM)
25	PB6（OC1B/PCINT6）	Digital pin 12 (PWM)
26	PB7（OC0A/OC1C/PCINT7）	Digital pin 13 (PWM)
27	PH7（T4）	
28	PG3（TOSC2）	
29	PG4（TOSC1）	
30	RESET	RESET
31	VCC	VCC
32	GND	GND
33	XTAL2	XTAL2
34	XTAL1	XTAL1
35	PL0（ICP4）	Digital pin 49
36	PL1（ICP5）	Digital pin 48
37	PL2（T5）	Digital pin 47
38	PL3（OC5A）	Digital pin 46 (PWM)
39	PL4（OC5B）	Digital pin 45 (PWM)
40	PL5（OC5C）	Digital pin 44 (PWM)
41	PL6	Digital pin 43
42	PL7	Digital pin 42
43	PD0（SCL/INT0）	Digital pin 21 (SCL)
44	PD1（SDA/INT1）	Digital pin 20 (SDA)
45	PD2（RXDI/INT2）	Digital pin 19 (RX1)
46	PD3（TXD1/INT3）	Digital pin 18 (TX1)
47	PD4（ICP1）	
48	PD5（XCK1）	
49	PD6（T1）	
50	PD7（T0）	Digital pin 38
51	PG0（WR）	Digital pin 41
52	PG1（RD）	Digital pin 40

（续）

Arduino 引脚序号	引脚名称	映射的引脚名称
53	PC0（A8）	Digital pin 37
54	PC1（A9）	Digital pin 36
55	PC2（A10）	Digital pin 35
56	PC3（A11）	Digital pin 34
57	PC4（A12）	Digital pin 33
58	PC5（A13）	Digital pin 32
59	PC6（A14）	Digital pin 31
60	PC7（A15）	Digital pin 30
61	VCC	VCC
62	GND	GND
63	PJ0（RXD3/PCINT9）	Digital pin 15 (RX3)
64	PJ1（TXD3/PCINT10）	Digital pin 14 (TX3)
65	PJ2（XCK3/PCINT11）	
66	PJ3（PCINT12）	
67	PJ4（PCINT13）	
68	PJ5（PCINT14）	
69	PJ6（PCINT 15）	
70	PG2（ALE）	Digital pin 39
71	PA7（AD7）	Digital pin 29
72	PA6（AD6）	Digital pin 28
73	PA5（AD5）	Digital pin 27
74	PA4（AD4）	Digital pin 26
75	PA3（AD3）	Digital pin 25
76	PA2（AD2）	Digital pin 24
77	PA1（AD1）	Digital pin 23
78	PA0（AD0）	Digital pin 22
79	PJ7	
80	VCC	VCC
81	GND	GND
82	PK7（ADC15/PCINT23）	Analog pin 15
83	PK6（ADC14/PCINT22）	Analog pin 14
84	PK5（ADC13/PCINT21）	Analog pin 13
85	PK4（ADC12/PCINT20）	Analog pin 12
86	PK3（ADC11/PCINT19）	Analog pin 11
87	PK2（ADC10/PCINT18）	Analog pin 10
88	PK1（ADC9/PCINT17）	Analog pin 9
89	PK0（ADC8/PCINT16）	Analog pin 8
90	PF7（ADC7）	Analog pin 7
91	PF6（ADC6）	Analog pin 6

（续）

Arduino 引脚序号	引脚名称	映射的引脚名称
92	PF5（ADC5/TMS）	Analog pin 5
93	PF4（ADC4/TMK）	Analog pin 4
94	PF3（ADC3）	Analog pin 3
95	PF2（ADC2）	Analog pin 2
96	PF1（ADC1）	Analog pin 1
97	PF0（ADC0）	Analog pin 0
98	AREF	Analog Reference
99	GND	GND
100	AVCC	VCC

第2章

Arduino 程序与 C++ 语言

Arduino 语言是对 C++ 语言的包装，目前能够开发的芯片仅限于 AVR 系列芯片，也有其他类型的芯片，如 STM32 系列芯片，其有独立的类似的开发环境。尽管如此，语言的核心是经过 Arduino 包装的标准化的内核函数，语法结构完全与 C++ 语言类似。

Arduino 语言基本包括：程序结构、基本语句、程序控制、操作符、变量、基本函数等，下面逐一讲解。

2.1　程序结构

Arduino 程序必须包含 setup() 和 loop() 两个函数，作为主线连接整个程序。

setup() 函数：仅在启动时最先调用一次，用于初始化变量、端口或库函数。在通电或重置开发板时，仅启动一次。

loop() 函数：当执行完毕 setup() 函数后，循环执行 loop() 函数，用于完成控制开发板、控制单片机资源等。

例如：

```
int led=13;
void setup() {
  // 将启动程序放此处，运行一次
  pinMode(led,OUTPUT);
}
void loop() {
  // 将主程序放此处，重复运行
  digitalWrite(led,HIGH);
}
```

说明：在 setup() 函数中设置端口 13(led=13) 为输出端口，在 loop() 函数中执行端口 13 为高电平输出，即 digitalWrite(led,HIGH) ；循环执行下去，一直点亮与端口 13 相连的发光二极管。

2.2　基本编写规则

; 　　　　　语句结束使用。例如：int i ; float f=sin(0.5) ；

{} 　　　　在函数、循环、判断、条件等处，将多条语句包含起来，成对使用。

// 　　　　单行注释，例如：//PinMode(led,OUTPUT) ；这条语句经过注释失效

/* */ 　　　多行注释，如：/*value=analogRead(pin) ; Serial.println(value) ;
　　　　　　　　　　　*/ 这两条语句经注释失效。

#define 定义常数。例如下面示例语句，注意语句后没有 " ；" 结尾
　　　　　#define pi 3.1415926

```
#define ledpin 13
```

#include 用于包含文件操作。用于引入项目外的库函数文件，与 #define 类似，没有"；"结尾，例如下面的例子，注意这些函数库都在指定的库函数目录下。

```
#include <AP_Airspeed.h>
#include <EEPROM.h>
```

赋值语句　程序的流程是从上到下逐条执行，基本的语句是赋值语句，其形式为变量 = 表达式，如 int a=234；又如 float f=3.1415926*sin(0.5)。

2.3 常量

true 与 false：这 2 个常量都是小写字母，逻辑常量，"true"代表真，即为 1 或者非 0，"false"代表假，即为 0。

HIGH 与 LOW：这 2 个常量都是大写，它们与单片机的端口设置及电路有关。首先是端口设置，分为两种情况，输入模式和输出模式。使用 pinMode() 函数设置端口为 INPUT，即输入模式时，由 digitalRead() 函数读取端口，返回值是 HIGH，代表端口电压大于 3V，返回值是 LOW，代表端口电压小于 3V；设置端口为 OUTPUT，即输出模式时，由 digitalWrite() 函数写端口为 HIGH 时，那么端口为 5V，此时该端口最高输出 40mA 电流；当写端口为 LOW 时，则输出为 0V。再者，这两个常量还与内、外部电路有关。当使用 pinMode() 函数设置某个端口为 INPUT，同时使用 digitalWrite() 函数设置该端口为 HIGH，则此时该端口 20kΩ 内部上拉电阻的作用将会被触发，使该输入端口控制在 HIGH，除非该端口被外部电路拉低。

INPUT、OUTPUT 与 INPUT_PULLUP：改变单片机端口的模式。使用 pinMode() 函数设置端口为 INPUT 时，端口用于输入，可采样传感器的数值；设置端口为 OUTPUT 时，端口用于输出，此时端口电压 5V，最大输出电流 40mA，该端口可以连接 LED 灯等电路。而 INPUT_PULLUP 用于使能端口的内部上拉电阻，AVR Mega 系列单片机所有端口都有内部上拉电阻。可在 pinMode() 函数中使用 INPUT_PULLUP 常数，如 pinMode(2, INPUT_PULLUP)，这样就配置端口 2 为输入模式，并使能该端口的内部上拉电阻。

整数常数：对于单片机来说，可能需要处理各种类型的整数，可通过在整数前面加不同的前缀来表示不同类型的整数，如二进制常数需要数前加"B"，八进制前加"o"，十六进制数前加"0x"，举例：二进制数 B00000110 代表十进制数 7，十六进制数 0x101 代表十进制数 $257(257=1*16^2+0*16^0+1)$，而八进制数 o101 代表十进制数 $65(65=1*8^2+0*8^1+1)$ 等。

浮点常数：可接受的浮点常数形式如 2.34E7、34e-3，他们分别代表 2.34*10^7、34*10^-3，这种浮点常数形式中，E 与 e 都可以接受。

2.4　变量

1. 变量类型

void：用于函数声明，代表返回值为空，如 void setup(){……}。

Boolean：布尔值，只能为 false 或 true，占用一个字节，如 Boolean running；running 要么为 true 要么为 false。

char：占用 1 个字节，存储字符或整数。如 mychar='A'；mychar=65；他们表达一个结果，整数 65 是 ASCII 值，是整数，代表字符 A，在 ASCII 码中 0~255 分别代表一个字符，注意这里使用的是 'A' 单引号。

byte：存储 8 位无符号数，0~255 之间，如：byte b=B1000；即 b=8，常用于端口读写。

int：主要数据类型，2 个字节存储，范围为 –32768~32767，如：int led=13；又如：int x=–32768，x=x–1，计算后 x 为 32767，滚动到最大值，切记。

word：2 个存储字节，保存范围为 0~65535，即与 unsigned int 等效，如 word wint=1000；。

long：长整形，4 个存储字节，–2147483648~+2147483647，可以存储足够大的整数，如：long lin=6352542414；，前面 millis() 函数返回就是 long 型。

float：描述小数，4 个存储字节，范围为 3.4028235e-38~3.402835e+38，小数点后有 7 位准确度，double 类型数据与 float 类型数据一致。在使用浮点数要注意两点：首先浮点数计算不准确，即浮点计算 8.0/2.0 不等于 4，其次是浮点计算与整数计算比较相当费时间，应尽量避免，因此程序员经常将浮点计算转换为整数计算以加快速度。

Arrays：数组是程序员经常使用的数据形式，例如：int myInt[6]={2，4，8，7，6，4}，这条语句定义了一个整数数组 myInt，有 6 个元素，并给该数组用方括号的形式进行初始化 {2，4，8，7，6，4}，而引用数组时，myInt[0]、myInt[2] 分别代表 2 和 8。

string：字符串数组，用于存储多个字符，如 char charTitle[]="Arduino"，注意这里使用的是双引号来表示字符串，char 数据类型字符串 "charTitle"，又如，char str1[8]="arduino"，定义字符串数组为指定的 8 个元素，但初始化仅给出 7 个字符。

2. 变量命名

变量或函数名字：Arduino 中的变量或者函数名必须以字母开头，然后以字母、数字或 "_" 连续书写构成变量名，如：str1、str2、int3、myInt、int_c2 等都是正确的变量名。变量名对于程序设计者来说很重要，Arduino 的成功，与其函数名字的简洁易懂也有很大关系。

变量声明：声明的标准形式和举例如下：

```
变量类型 变量名或函数名；
int int_c2;
char str1,str2;
int checkState(int State);//函数的定义，有返回值
```

2.5 类型转换函数

char(x)，x 为任何类型，返回 char 数据，如 int i=65；char c=char(i)；此时 c 为 A。

byte(x)，x 为任何类型，返回 byte 数据，如 int i=66；byte b=byte(i)；此时 b 为 66。

int(x)，x 为任何类型，返回 int 数据，如 char c='A'；int x=int(c)；此时 x 为 65。

long(x)，x 为任何类型，返回 long 数据，如 int i=9987；long l=long(i)。

float(x)，x 为任何类型，返回 float 数据，如 int i=9987；float f=float(i)。

2.6 数学表达式

（1）数学操作符：针对整数、浮点数之间的运算。

=：赋值操作。如 int i=65；给整数变量 i 赋值为 65。

+：变量相加。如 int i=9877，j=3445，k；k=i+j；给整数 k 赋值为 i 与 j 变量之和为 13322。

−：变量相减。如 int i=9877，j=3445，k；k=i-j；给整数 k 赋值为 i 与 j 变量之差为 6432。

*：变量相乘。如 int i=32，j=3，k；k=i*j；计算后 k=96。

/：变量相除。如 int i=32，j=3，k；k=i/j；计算后 k=10。

%：变量求余数。如 int i=32，j=3，k；k=i%j；计算后 k=2。

（2）比较操作符：一般指整数之间的比较。

==：等于。如：int i=3，j=4；if(i==j){……}。

！=：不等于。如：int i=3，j=4；if（i！=j）{……}。

<：小于。如：int i=3，j=4；if（i<j）{……}。

>：大于。如：int i=3，j=4；if（i>j）{……}。

<=：小于等于。如：int i=3，j=4；if（i<=j）{……}。

>=：大于等于。如：int i=3，j=4；if（i>=j）{……}。

（3）布尔操作符：布尔量之间的运算。

&&：与 and，布尔量之间求与运算。如 if(i<=j && i<k){……}，运算次序：比较操作优先。

||：或 or，布尔量之间求或运算。如 if(i<=j || i>=k){……}，运算次序：比较操作优先。

！：非 not，布尔量求非运算。如 if(!k){……}，即如果 k 不为真，则执行大括号内的运算。

（4）指针操作符：指针就是变量的地址。

*：指向地址（指针）的数据，如 int i= *ia；给整数变量 i 赋值为 ia 地址指向的数。

&：获取变量地址（指针），如 int i=6，*ia=&i；其中，ia 为整数 6 的地址。

（5）位操作符：针对数据的位操作。

&：位与 AND 如：int x=B101，y=B011，z；z=x&y；z 为 001。

|：位或 OR 如：int x=B101，y=B011，z；z=x|y；z 为 111。

^：位异或 XOR 如：int x=B101，y=B011，z；z=x^y；z 为 111。

~：位非 not 如：int x=B101，z；z=~x；z 为 010。

<<：位左移 x 位，如：int a=B000101，b；b= a<<2；b 值为 B0010100。

>>：位右移 x 位，如：int a=B000101，b；b= a>>2；b 值为 B0000001。

（6）复合操作符：一种变量运算的编写形式，使操作更加简洁。

++：整数递增，如：i++　等同于 i=i+1。

--：整数递减，如：i--；等同于 i=i-1。

+=：复合加法，如：int a=3，b=4；b+=a；等同于 b= b+a。

-=：复合减法，如：int a=3，b=4；b-=a；等同于 b= b-a。

=：复合乘法，如：int a=3，b=4；b=a；等同于 b= b*a。

/=：复合除法，如：int a=3，b=4；b/=a；等同于 b= b/a。

&=：复合与，如 int a=0，b=1；b&=a；等同于 b= b&a。

|=：复合或，如 int a=0，b=1；b|=a；等同于 b= b|a；。

2.7　程序控制

if：判断语句，用于条件判断执行。如：

```
int var=digitalRead(13);
  if(var==1){
      Serial. println(var);
  }
```

程序判断表达式 var==1 是否为真，如果 var==1 为真，则执行 {} 内程序；否则不执行。

if 后边的 () 内紧跟条件判断语句，如果判断条件为真，则执行 {} 内条件语句；如果不满足条件，还想执行其他指令，参见下面程序：

```
int var=digitalRead(13);
  if(var==1){
      Serial.println("var=1");
```

```
    }
  else {
      Serial.println("var=0");
  }
```

else 语句与 if 语句是依附出现的，if 语句可以单独出现，也可以与 else 语句同时出现，但 else 语句不能单独出现。

switch：多重判断语句，用于有多个分支的程序结构。如：

```
switch (s)
  {
  case 0 :
      digital Write(13,HIGH);
      break;
  case 1 :
      digital Write(13,LOW);
      break;
  case 2 :
      if(digital Read(13)==1)
      {
      digital Write(13,Low);
      }
      break;
  default :
      else{
      digital Write(13,HIGH);
      }
      Serial.println("default");
      break;
  }
```

上面 switch 语句，需要判断变量 s，s 等于不同的值时，执行不同的程序，完成不同的任务。

for：循环语句，用于多次执行指定语句。如：

```
for(int i=0;i<99;i++)
  {
      Serial.println(i);
  }
```

上面的循环语句中 i 是循环变量，初始值 i=0，每次递增 i=i+1，递增到 i<99 为止，循环执行 Serial.println(i);每循环一次，将循环体变量 i 输出到 serial 0 上。再举例如下：

```
for (int i=0; i <= 255;i++)
  {
```

```
analogWrite(13,i);
delay(10);
}
```

上面的程序，将执行 256 次循环，每次循环都将端口 13 的输出更改为变量 i 的值，并延迟 10ms，这样与端口 13 连接的 LED 灯将由暗转亮，形成忽明忽暗的效果。

while：判断循环语句，如果条件成立就循环执行指定语句。如：

```
while (s!=0)
    {
        Serial.println(s);// 当 s!=0 为真时，执行
    }
```

上面的 while 判断循环语句，首先判断 s!=0 是否为 true，如果为 true 则执行循环体语句，否则跳过循环体，执行下一条语句。

return：返回跳转语句，执行后，跳转到调用函数语句处并返回变量值，常用于具有返回值的函数体。如：

```
int check(int s)
{
    if(s!=0)
        return 1;
    else
        return 0;
}
```

上面程序是函数定义，函数具有整数返回值，函数返回值可以为 1，也可以为 0。

2.8 函数

Arduino 函数的定义，与 C++ 函数定义一致，原型如下：

```
返回值类型    函数名（数据类型 传递参数，数据类型 传递参数，……）
{
    // 函数主体，函数的主要功能
};
```

例如：void setup()；这个函数返回值为 void，函数名为 setup，没有传递参数。这个函数是 Arduino 的内部保留函数，用于程序初始化，仅执行一次。

void loop()；这个函数返回值为 void，函数名为 loop，没有传递参数，这个函数也是 Arduino 的内部保留函数，是无限循环函数体，所有的程序功能都将在这个函数里执行，这个函数的主体需要程序员自己编写。一个程序里，只能有一个 setup() 函数，一个 loop() 函数。

又例如：int state(int s){......}；这个函数的返回值为 int 类型，函数名为 state，参变量为 s，是 int 类型。

再如：float pi(float err，float p，float i){……}；这个函数的返回值为 float 类型，函数名为 pi，共有 3 个参数变量，都是 float 类型，分别是 err、p、i。根据函数名字分析，可能是用于 pi 控制算法的实现。

函数调用的基本形式：

用于存储函数返回值的变量 = 函数名（传递的参数数据列表）。

上面举例的后 2 个函数调用时，形式如下：

```
int a= state(2);
float f=pi(0.02,3.4,1.8);
```

函数是程序的主体，程序中函数的使用好坏直接关系到程序的可读性，但程序中函数的调用也直接影响程序的运行速度，因此应该尽量减少函数的调用次数来提高速度。

下面编写一段程序，通过判断该程序执行时间，来分别执行不同的程序段，例如：让单片机在 5Hz、1Hz、0.5Hz 的不同频率段，分别执行不同的程序，程序编写如下：

```
int t0,t1;
int t2,t3;
int t4,t5;
int ledPin=13;
void setup() {
  // 将启动程序放此处，运行一次
  Serial.begin(9600);
  pinMode(ledPin,OUTPUT);
  t0=millis();
  t2=t0;
  t4=t0;
}
void loop() {
  // 将主程序放此处，重复运行
  t1=millis();
  t3=t1;
  t5=t1;
  if((t1-t0)>200)
  {
        Serial.println("5Hz loop is doing!");
        digitalWrite(ledPin, HIGH);
        t0=t1;
  }
  if((t3-t2)>1000)
```

```
    {
        Serial.println("1Hz loop is doing");
        digitalWrite(ledPin,LOW);
        t2=t3;
    }
    if((t5-t4)>2000)
    {
        Serial.println("0.5Hz loop is doing");
        t4=t5;
    }
}
```

上面的程序说明：

（1）在 setup() 函数中，进行了端口 13 的初始化，serial 0 的初始化，给变量 t0、t2、t4 赋予初值。

（2）t0、t1、t2、t3、t4、t5 是全局变量，可以在程序的任何地方使用并更改。

（3）在 loop() 函数中，对 200ms 周期、1000ms 周期、2000ms 周期进行了计算，并在不同的周期里，向 Serial 0 输出了数据显示。

（4）程序在 200ms 一次点亮与端口 13 相连的 LED 灯，并在 1000ms 时灭掉 LED 灯。

（5）在这个程序中，多次使用 if 语句进行判断，有很多可以改进的地方。

2.9　Arduino 基本函数资源

Arduino 语言的最大特色是其内部的功能函数，以其实用的功能和简洁明了的命名而著称。Arduino 内部函数是开发者需要了解的最大特色资源。下面我们详细讲述其内部函数，便于我们理解其优势和特色，利于将来灵活正确地应用。

1. I/O 函数

（1）数字 I/O

对于 Arduino Mega2560 开发板，需要了解其端口资源。Mega2560 开发板集成了 ATmega2560 芯片，该芯片为主频 16MHz 的 8 位单片机，共有 54 个可用的数字输出、输入端口。在使用端口前，需要对端口进行初始化，在程序运行时，端口进行读写任务。Arduino 提供的端口函数共 3 个，利用这 3 个端口函数就可以完成相关的端口操作。

pinMode()：函数用于设置端口模式。端口可以配置为输入、输入上拉或输出模式，函数原型为

void pinMode(pin，mode)；

参数 pin 为端口号，mode 为 INPUT、OUTPUT 或者 INPUT_PULLUP 三种模式之一，其中在 INPUT 模式下内部上拉电阻无效，INPUT_PULLUP 模式下可以使内部

上拉电阻有效。例如：

```
int ledPin=13;pinMode(ledPin,OUTPUT);
int motorPin=22;pinMode(motorPin,INPUT_PULL);
int sensorPin=23;pinMode(sensorPin,INPUT);
```

digitalWrite()：用于输出模拟端口的写操作，可以写为 HIGH 或 LOW，HIGH 为 5V，LOW 为 0V。如果端口已经配置为 INPUT，用 digitalWrite() 函数写 HIGH 时，会激活内部的 20kΩ 的上拉电阻，写 LOW 时，上拉电阻无效，这种操作能点亮一个 LED 发光管，但可能很昏暗。函数原型为

void digitalWrite(pin，value)

参数 pin 为输出的指针号，value 为设置的参数，LOW 或者 HIGH，例如：

digitalWrite(ledPin，HIGH)；

digitalRead()：用于读取输入指定端口高低电平，HIGH 或者 LOW，函数原型为

int digitalRead(pin)

参数 pin 为指定端口，返回端口高低电平，HIGH 或 LOW，例如：

int val = digitalRead(inPin)；

上面的语句实现读取端口 inPin 的电平，返回值给 val 变量，返回值如果是 HIGH，则 val 为 1；否则返回值为 LOW，则 val 为 0。另外注意，对于用于模拟量输入的端口，也可以使用 digitalRead() 读取，返回值为 HIGH 或者 LOW。

（2）模拟 I/O

Arduino Mega2560 开发学习板有 16 路模拟量输入端口，可用于读取外部传感器的输入信号，用于获取外部信息。

void analogReference(type)：配置模拟输入的模拟参考电压，参数 type，选项为

DEFAULT：5V 或 3.3V 电压；

EXTRERNAL：外部参考电压，加载在 AREF 端口的电压值一致为 5V；

INTERNAL2V56：板卡内部设置的 2.56V 参考电压；

INTERNAL1V1：板卡内部设置的 1.1V 参考电压。

这些内部参考电压，可用于有些非标准信号，如：

analogReference(INTERNAL2V56)；

analogReference(EXTRERNAL)；

注意：板卡上的 AREF 端口参考电压不能接 0V 或者高于 5V 电压，否则会烧坏板卡。

int analogRead()：读取 INPUT 模式端口的电压值，具有 10 位 A-D 采样准确度，因此读数在 0~1023 之间，耗时 0.0001s，每秒读取 10000 次模拟数据。Mega2560 板卡上有 16 路模拟量输入通道。函数原型为

int analogRead(pin)

函数返回值为整数，即为读取值，参数 pin 为模拟量输入端口。例如：

int a=analogRead(anaPin)；// 其中 anaPin 为模拟量输入端

analogWrite()：指定模拟量写函数，通常是 PWM 波，可以以不同的亮度点亮 LED 灯或者以不同的速度驱动电机转动。当调用 analogWrite() 函数后，端口将产生指定周期的稳定方波，直到下次调用 analogWrite() 函数。PWM 信号的频率近似 490Hz。函数原型为

void analogWrite(pin，value)

函数无返回值，参数 pin 为输出端口号，value 为输出 PWM 数值，该值为 0~255，对于不同的开发板上不同的模拟量输出端口，其输出数字不一致，有的定时器准确度高，产生的输出 PWM 分辨率就高，最低准确度为 0~255，8 位准确度。例如：

int val= analogRead(analogPin)；

analogWrite(motorPin，val)；

上面的程序，将读取 analogPin 端口的值，并写入端口 motorPin，值为 val。

（3）高级 I/O

对于在端口上输出方波，或者读取端口的高低电平，或者端口写数据等高级操作，Arduino 也提供了相关函数，这些函数为编写高层次程序提供了方便。

tone()：以特定的频率在指定的端口产生方波信号，持续时间可以指定，否则直到使用 noTone() 函数。如果已经有某个端口正在运行这个函数，则此函数对于其他端口的调用无效，即只能在一个端口上运行。函数原型为

void tone(pin，frequency)；

void tone(pin，frequency，duration)；

函数无返回值，参数 pin 为输出端口号，参数 frequency 为频率，单位为 Hz，duration 为持续时间，单位为 ms，unsigned long 类型数据。如：

tone(buzPin，50，1000)；

程序语句：表示在 buzPin 端口上，输出 50Hz 频率的方波，持续时间为 1000ms。

noTone()：与函数 tone() 对应，用于取消在特定端口上的方波信号，函数原型为

void noTone(pin)；

函数无返回值，参数 pin 为要取消方波的端口，如：noTone(buzPin)；

shiftOut()：用于数据通信的函数，可以将 1 个字节的数据，在 2 个端口上发送，一个用于传递数据，一个用于时钟节拍，用于如 SPI、I²C 通信。函数原型为

void shiftOut(dataPin，clockPin，bitOrder，value)

函数无返回值，参数 dataPin 代表传递数据的端口号，参数 clockPin 代表时钟节拍端口，参数 bitOrder 代表传递数据的形式，有 MSBFIRST 或者 LSBFIRST，value 代表传递的数据，为 byte 类型的数据。如：

Byte bval=B10010101；

shiftOut(dPin，cPin，LSBFIRST，bval)；

shiftIn()：与 shiftOut() 函数类似，与数据通信有关的函数，可以将 1 个字节的数据，在 2 个端口上接收，一个用于接收数据，一个用于时钟节拍，用于如 SPI、I²C 通信中。函数原型：

byte incoming = shiftIn(dataPin, clockPin, bitOrder)

函数返回值为 byte 类型，即接收值，参数 dataPin 为数据端口号，clockPin 为时钟节拍端口号，bitOrder 为数据接收模式，有 MSBFIRST 或者 LSBFIRST。如：

byte b=shiftIn(dPin，cPin，LSBFIRST)；

2. 时间函数

Arduino 为开发者提供了系统的时间函数。

millis()：这个函数前面用过，用于计算 CPU 从开始上电到调用这个函数时刻的运行时间，单位是 ms，如果溢出则返回为 0，大约能持续 50 天。函数原型：

long millis()；

函数返回值为 long 型，单位为 ms。如：long t=millis()；

micros()：函数返回当前程序运行的时间，单位为 μs，这个数如果溢出，将返回 0 值，大约可持续 70min，在 16MHz 的主频下，此函数有 4μs 的分辨率。注意 1000μs=1ms。函数原型：

unsigned long micros()

函数返回值为无符号长整型数。如：unsigned long time=micros()；

delay()：延迟函数，延迟单位为毫秒，函数原型为

void delay(ms)；

函数无返回值，参数 ms 为延迟的毫秒数，例如：delay(20)；语句即延迟 20ms 时间后执行下一条语句，在单片机程序中经常用到。

delayMicroseconds()：延迟微秒数，单位是微秒，函数原型为

void delayMicroseconds(us)；

函数无返回值，参数 μs 为延迟的微秒数，目前最大的延迟微秒为 16383，例如：delayMicroseconds(50)；

程序延迟 50μs。

如果大于 1000μs，可以使用 delay() 函数。

3. 数学函数

Arduino 为开发者提供了常用的数学函数，但由于单片机在浮点运算上能力有限，会很耗时间，因此仅提供了几个基本的函数。

min()：比较 2 个参数，返回最小值。函数原型：min(x，y)，没有数据类型，如果 x<y，返回 x；如果 x>y，返回 y。

max()：比较 2 个参数，返回大值。函数原型：max(x，y)，没有数据类型，如果 x<y，返回 y；如果 x>y，返回 x。

abs()：求变量的绝对值。函数原型：

abs(x)，没有数据类型约束，返回 x 的绝对值。

constrain()：约束一个变量在一个数据范围内。函数原型：

constrain(x，a，b)，参数的类型没有限制，参数 x 为约束变量，a 为约束的下限，b 为约束的上限。如果 a<x<b，那么返回 x;如果 x<=a，那返回 a;如果 x>=b，返回 b。

map()：这个函数将会大量用到，完成数据的直线映射，即从一个数字范围映射到另一个数字范围。函数原型：

long map(value，fromLow，fromHigh，toLow，toHigh)，函数返回映射后的整数值，参数 value 为被映射值，参数 fromLow 为被映射数据下限值，参数 fromHigh 为被映射参数上限值，参数 toLow 为影射参数下限值，toHigh 为影射参数上限值。如：

y=map(x，1，50，50，1)；

程序语句完成变量 x 从 1~50 的范围变为 50~1 的范围。又如：

y=map(x，1，50，50，−100)；

这条程序语句完成变量 x 从 1~50 的范围变为 50~−100 的范围。

pow()：求指数。函数原型：double pow(base，exponent)，函数返回值为 double，底为 base，幂为 exponent，都是浮点类型数据，如：1.2^4.5, float s=pow(1.2，4.5)。

sqrt()：二次方根。变量可以是任意类型数据，返回值是浮点数，如：float a=sqrt(123)；a 输出后是 11.09。

4. 三角函数

虽然在单片机的程序里计算三角函数的机会比较少，但 Arduino 还是给开发者提供了 3 个三角函数。

sin()：正弦函数, double sin(float x)，返回 double 类型正弦值，传递 float 型变量 x。

cos()：余弦函数, double cos(float x)，返回 double 类型余弦值，传递 float 型变量 x。

tan()：正切函数, double tan(float x)，返回 double 类型正切值，传递 float 类型变量，以弧度为单位。

5. 随机数

产生随机数的函数：

randomSeed()：在产生随机数之前，必须先执行产生随机数种子的函数。函数原型：void randomSeed(seed)；例如：

randomSeed(analogRead(0))；

random()：产生伪随机数。函数原型：int random(max)；int random(min，max)；函数返回值为随机数值，参数 min 为下限值，max 为上限值，返回的随机数为上下限之间的数。例如：

```
void setup()
{
    randomSeed(analogread(0));
}
void loop()
{
    randNumber= random(10,200);
}
```

上面程序在 setup（）函数里进行随机数初始化，在 loop() 函数里，获得 10~200 的随机数。

6. 位操作函数

数据位操作函数，可以进行低层次的数据位操作。

lowByte()：取数据的低位字节。函数原型：byte lowByte(x)，返回值为 byte 类型，参数可以为任意类型，如：

int a=12345；

byte b=lowByte(a)；

上面程序给变量 b 赋值为 57，即整数以 2 个字节存储，lowByte() 函数返回低字节。

highByte()：取数据的高位字节。函数原型：byte highByte(x)，返回值为 byte 类型，参数可以为任意类型，如：

int a=12345；

byte b=highByte(a)；

上面程序给变量 b 赋值为 48，即整数以 2 个字节存储，highByte() 函数返回高位字节。

bitRead()：读取二进制位上的数。函数原型：byte bitRead(x，n)，返回 bit 类型数据，只能是 0 或者 1，参数 x 为被读取的数，可以为任意数据类型，参数 n 为整数，从 0 开始计数，例如：

int a=12345；

b=bitRead(a，0)；

程序变量 b 返回变量 a 的最低有效位上的数 1。

bitWrite()：与 bitRead() 函数相反，数据变量的位值上修改。函数原型：void bitWrite(x，n，b)，函数无返回值，参数 x 为被写数据，参数 n 为被更改的位，从 0 开始计数，参数 b 为更改的数据，只能为 1 或 0，例如：

```
Serial.begin(9600);
byte x=B01010011;
Serial.println(x);
byte y=bitRead(x,3);
Serial.println(y);
```

```
bitWrite(x,3,1);
Serial.println(x);
串口输出为
83
0
91
```

上面程序将变量 x 在二进制位上做了修改，并将修改结果通过 Serial0 输出。

bitSet()：设置变量指定位为 1。函数原型：void bitSet(x，n)，无返回值，参数 x 为被修改变量，参数 n 为修改的位置，从 0 开始计数，执行 bitSet() 函数后将指定的第 n 位数修改为 1。

clearBit()：与函数 bitSet() 函数相反，将指定数据 x 的第 n 位的数设置为 0。函数原型：void clearBit(x，n)，无返回值，参数 x 为被修改变量，参数 n 为修改的位置。

对于中断、通信等其他函数将在相关章节讲述。

下面举例说明函数的具体应用。

例 2-1：随机点亮 LED 灯的亮度，程序如下：

```
int ledPin=13;
void setup() {
  // 将启动程序放此处，运行一次
  Serial.begin(9600);
  randomSeed(analogRead(1));
  pinMode(ledPin,OUTPUT);
}
void loop() {
  // 将主程序放此处，重复运行
  int r= random(0,255);
  analogWrite(ledPin,r);
  delay(1000);
}
```

在 setup() 函数中初始化串口（尽管没有用到，但串口输出数据经常被用来观察运行中的数据），通过读取模拟量输入端口 1 来初始化随机数种子，并设置 ledPin 端口为输出端；在 loop() 函数中，首先产生 0~255 的随机数，并把随机数以 PWM 波的形式输出到 ledPin，以随机数的形式点亮 LED 灯，并延时 1000ms，以此观察 LED 灯亮度的变化，实验中若观察到 LED 灯会忽明忽暗，则成功。图 2-1 是开发板随机点亮 LED 灯的实物。

图2-1　开发板点亮LED灯

例 2-2：三角函数计算，程序如下：

```
void setup() {
  // 将启动程序放此处，运行一次
  Serial.begin(9600);
  randomSeed(analogRead(1));
}
void loop() {
  // 将主程序放此处，重复运行
  int r=random(0, 1000);
  float x=r/1000.0*(3.1415926/4);
  float y=sin(x)+cos(x)+tan(x);
  Serial.println(y);
}
```

在上面这段程序中，setup() 函数初始化串口 0，初始化随机数种子，随机数种子从模拟量 1 端口读入，在 loop() 函数中，产生一个在 0~1000 之间的随机数 r，经过计算得到 x 在 0~3.1415926/4 之间，并计算 sin(x)+cos(x)+tan(x) 的值，并循环下去，得到的计算结果通过串口 0 输出，输出的串口监视窗口如下图 2-2 所示。

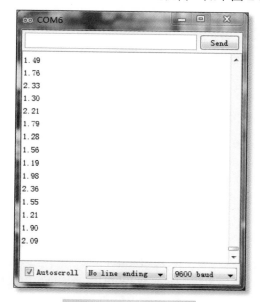

图2-2 串口监视窗口

第3章

串口通信

3.1 Arduino Mega2560 与 Arduino IDE 连接

串口用于计算机与开发板，开发板与其他设备之间的通信。Arduino 开发板有串口（Serial，也可以称为 UART），串口通过引脚 0(RX) 和 1(TX) 与计算机的 USB 口通信。这样当使用串口 1 进行通信时，就不能使用引脚 0 或 1 进行数字输出和输入操作。

通常使用 Arduino 开发环境内部的串口监视窗口监视 Arduino 开发板运行程序的输出来调试程序，因此先学习串口通信，以便在调试程序时，把内部变量值输出到串口，便于监视变量值。打开串口监视窗口，设置开发环境的串口通信波特率与单片机 Arduino 编写 begin() 函数设置的波特率一致。

Arduino Mega2560 有 4 个串口，分别为 Serial(RX-0 TX-1)、Serial1(RX-9 TX-18)、Serial2(RX-17 TX-16)、Serial3(RX-15 TX-14)。使用它们与外部 TTL 电平串口设备通信，需要将 TX 引脚与设备的 RX 引脚相连，RX 引脚与设备的 TX 引脚相连，设备和开发板的地端引脚相连。注意，千万不要直接连接 RS-232 串口，因为它们的工作电压是 +/−12V，连接可能损坏开发板。

3.2 TTL 电平与 RS−232 串口通信

TTL 电平串口通常是 5V 或者 3.3V 电压等级，即与单片机工作电压一致或者略高，而且 TTL 电平串口只有接收线、发送线、接地线 3 根线，即 RX、TX 和 Ground。而 RS-232 串口通常有 9 针，就是在 PC 上或者其他外部设备上看到的 9 针插口的 RS-232 串口。

RS-232 串口电压等级高，信号传输的距离远，连接可靠，而且真正的 RS-232 串口 9 针线，功能更齐备。而 TTL 电平信号线传输距离短，容易受外界电磁干扰，因此一般是用在 PCB 上，用于单片机与模块之间的连接，避免信号转换。

TTL 电平的串口可以转换成 RS-232 串口，目前市场上有很多转换芯片，用于不同设备之间的远距离传输信号。

3.3 串口通信协议与函数

串口通信协议主要是为了使通信设备之间的波特率一致，在 Arduino 中通过函数 Begin(baudrate) 来设定，例如：

Serial.begin(9600)；
Serial1.begin(19200)；
Serial2.begin(19200)；

Serial3.begin(38400)；

Begin() 中的参数 baudrate 通常有这些波特率值：300，1200，2400，4800，9600，14400，19200，28800，38400，57600，115200。这些波特率值的大小代表数据传输的快慢，单位为 bit/s（比特每秒）。

当关闭串口时，使用 end() 函数，例如：

Serial.end()；

串口输出字符串，采用 println() 函数，例如：

```
int analogVlaue=0;
analogValue=analogRead(0);
Serial.println(analogValue);             // 十进制 ASCII 编码输出
Serial.println(analogValue,DEC);         // 十进制 ASCII 编码输出
Serial.println(analogValue,HEX);         // 十六进制 ASCII 编码输出
Serial.println(analogValue,OCT);         // 八进制 ASCII 编码输出
Serial.println(analogValue,BIN);         // 二进制 ASCII 编码输出
```

读串口数据，使用 read() 函数，但要监听串口是否有数据到达缓冲区，例如：

```
if(Serial.available()>0)
  {
      incomingbyte=Serial.read();
      Serial.println("I received:"+incomingbyte,DEC);
  }
```

串口事件，即 serialEvent()，这是针对串口数据读取的事件，即如果串口缓冲区有数据，那么 serialEvent() 会在 loop() 循环后调用。例如 GPS 模块就是不断地发送 GPS 字符串信号，例如：

```
String inputString="";                   // 全局变量
boolean stringComplete=false;            // 全局变量
void setup() {
  // 将启动程序放此处，运行一次
  Serial.begin(9600);
}

void loop() {
  if(stringComplete){
      Serial.println(inputString);       // 接收数据完毕，输出接收数据
      inputString="";
      stringComplete=false;              // 接收数据完毕，重新置到初始状态
  }
}
void serialEvent()
{
```

```
        while(Serial.available())
        {
            char inchar=Serial.read();   // 接收数据
            inputString +=inchar;
            if(inchar=='\n'){                    // 判断接收数据是否完成
                stringComplete=true;
            }
        }
    }
```

3.4 字符串通信

例 3-1：Arduino Mega2560 开发板，通过串口接收来自 PC 端的数字 (0~9)，来点亮端口 13 的 LED 灯，并根据传输的数字大小来开启不同的亮度。程序如下：

```
int pinled=13;
int c;

void setup() {
  // 将启动程序放此处，运行一次
  Serial.begin(9600);

  pinMode(pinled,OUTPUT);
}
void loop() {
  // 将主程序放此处，重复运行
}
void serialEvent()
{
  long x,y;
    while(Serial.available())
    {
        c=Serial.read();
        x=c;
        y = map(x, 48, 57, 0, 255);
        analogWrite(pinled,y);
    }
}
```

下面，对上述程序进行说明。首先声明全局变量：

int pinled=13；

int c；

在 setup() 函数中，初始化串口 1，设置 13 端口为输出模式，即

Serial.begin(9600) ;

pinMode(pinled，OUTPUT) ;

在 serialEvent() 串口事件中监听串口是否收到数据，如果有数据，则将收到数据进行处理，并映射为 0~255 之间的整数，并将数字量转换为模拟量输出到 13 端口，即

```
long x,y;
    while(Serial.available())
    {
        c=Serial.read();
        x=c;
        y = map(x,48,57,0,255);
        analogWrite(pinled,y);
    }
```

注意这个数据影射使用了 map() 函数，即

map(x, 48, 57, 0, 255)

map() 函数是一个线形映射，有 5 个参数，函数原型为

map(value，fromLow，fromHigh，toLow，toHigh)

其中各参数说明如下：

value ：映射整数；

fromLow ：当前数据范围下边界；

fromHigh ：当前数据范围上边界；

toLow ：目标数据范围下边界；

toHigh ：目标数据范围下边界。

由于期望从 PC 端发送 0~9 的数据到 Arduino Mega2560 开发板，而串口数据读取函数 Serial.read() 返回的值是 ASCII 码值，因此当前 ASCII 码值下限为 48（对应字符 0），上限为 57（对应字符 9）。目标值是由 analogWrite(pinled，value) 决定的，value 的范围是模拟量端口输出 PWM 脉宽的数值范围，即 0~255 的 8 位准确度 PWM 脉宽。

3.5 Arduino 程序运行监控

Arduino 程序运行的中间结果是调试程序时所要了解的，在没有 debug 调试环境的情形下，大都通过输出程序变量到串口的方法来了解程序的运行状态。

例如上面的例 3-1 中，不知道接收到的串口数据是多少，就需要了解串口数据，因此在获得串口数据后，将串口数据输出到 PC 端，并从 PC 端发送数据到开发板。因此，增加两条语句，用于监视串口获得的数据变量 x 以及经过运算的变量 y，程序如下：

```
void serialEvent()
{
  long x,y;
    while(Serial.available())
    {
        c=Serial.read();
        x=c;
        y = map(x, 48, 57, 0, 255);
        Serial.println(x);
        Serial.println(y);
        analogWrite(pinled,y);
    }
}
```

其中，

Serial.println(x)；

Serial.println(y)；

为串口监视变量。

程序集成开发环境（IDE），参见图 3-1。

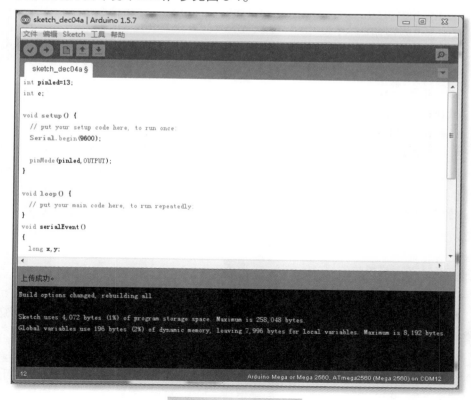

图3-1　Arduino的IDE

程序运行前，要注意几点：

（1）在 IDE 中选择开发板类型为 Arduino Mega2560，在菜单中选择"工具"→"开发板"→"Arduino Mega2560"。

（2）在 IDE 中确定与开发板连接的 PC 端串口号，选择"工具"→"端口"→"COM12"。本机端口是 COM12。

（3）编写好的程序需要编译，没有错误才能运行，选择"sketch"→"验证 / 编译"，执行编译。

（4）编译通过后，上传编译的程序到开发板上，选择"文件"→"上传"，执行上传程序，或者选择编译和上传程序选择快捷菜单　　　。

（5）上传程序后，打开串口监视，选择"工具"→"串口监视器"，如下图 3-2 所示，图 3-2 上显示已经发送了 9、1、0 数据到开发板，在串口输出的数据分别为 57、255、49、28、48、0 数据，正在准备发送 9 这个数据到开发板。

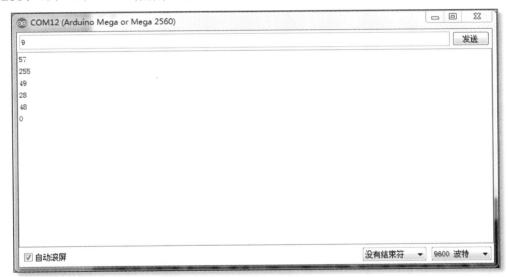

图3-2　IDE串口监视器

3.6　GPS 模块串口通信

全球定位系统（Global Positioning System，GPS），通过 GPS 芯片接收来自卫星的位置信号，利用通过 GPS 芯片接收到的多个卫星信号的时间差计算当前芯片所在位置，位置数据包括：卫星数量、时间、经度、纬度、高度、速度等。世界上多个芯片厂商提供 GPS 接收芯片或者模块（包括 GPS 芯片及外围电路的组件），这些组件很多是通过 TTL 串口来传递 GPS 数据的，并且不同厂商的 GPS 数据的信息格式不尽相同，需要不同的程序来解析出位置信息。

下面来看看 u-blox AG GPS 模块的位置信息，GPS 模块总是在不断发送数据，普通的 GPS 模块的更新频率为 4~6Hz，位置准确度在 5m。

GPS 模块与 Arduino Mega2560 开发板的接线原理图参见图 3-3，其中模块有 4 个接线脚：5V 电源，GND 地线，TTL 电平串口 RX 引脚，TTL 电平串口 TX 引脚。模块串口接在 Serial1 上，电源和地线接在开发板 5V 和 GND 端。

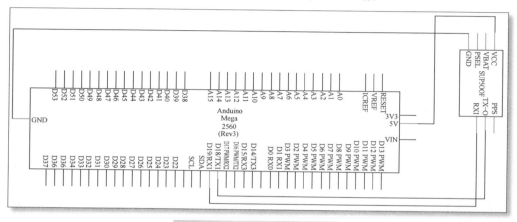

图3-3　GPS模块接线原理图

其 GPS 模块面包板连接线路图参见图 3-4。GPS 接收信号输出监视窗口见图 3-5。

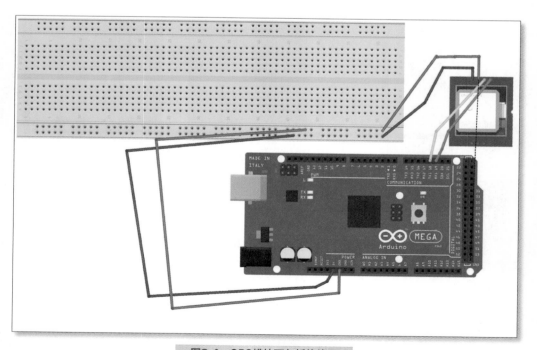

图3-4　GPS模块面包板接线图

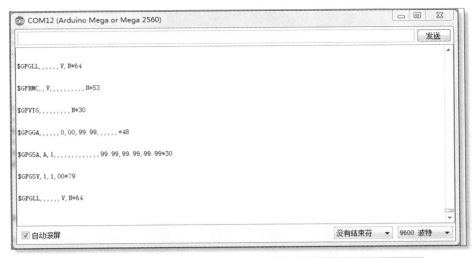

图3-5　GPS接收信号输出监视窗口（室内无GPS信号导致信息有点乱）

编写程序如下：

```
String inputString="";                  // 全局变量
boolean stringComplete=false;           // 全局变量
void setup() {
    // 将启动程序放此处，运行一次
    Serial.begin(9600);
    Serial1.begin(9600);
}
void loop() {
    // 将主程序放此处，重复运行
    if(stringComplete){
        Serial.println(inputString);    // 接收完毕，输出接收数据
        inputString="";
        stringComplete=false;           // 接收数据完毕，重新置到初始状态
    }
}
void serialEvent()
{
    while(Serial1.available())          // 此处判断串口 1 是否有数据收到
    {
        char inchar=Serial1.read();     // 接收数据
        inputString +=inchar;
        if(inchar=='\n'){               // 判断接收数据是否完成
            stringComplete=true;
        }
    }
}
```

第4章

I/O 端口与时间计数

Arduino Mega2560 单片机学习开发板有 54 路数字输入、输出端口，有 15 个端口可以产生 PWM 输出，16 路模拟信号输入。这些端口电压可以为 5V 高电平（HIGH）或者低电平（LOW），端口内部有上拉电阻 20~50kΩ。

（1）端口操作的内部函数

端口操作的内部函数包括：

pinMode(pin，mode) 函数，用于设置端口的模式，pin 指代端口号，mode 代表端口模式，有 INPUT 模式，即设置端口为输入（读取单片机外部信号），处于高阻抗状态，用于读取传感器，而不能用于点亮 LED 灯；OUTPUT 模式，即输出模式（输出信号到单片机外部），端口处于低阻抗状态，可以点亮外部 LED 灯，不能读取外部传感器值；INPUT_PULLUP 模式，这个模式稍微复杂点，Arduino Mega2560 芯片端口内部有上拉电阻（即电阻直接跟电源 VCC 连接），如果用内部上拉电阻替代外部的下拉电阻，可以使用 INPUT_PULLUP 参量，这样能获得相反的信号效果，即 HIGH 意味着传感器关闭，LOW 意味着传感器开启。

digitalWrite(pin，value) 函数，向指定端口 pin 写 value 值，如果 pin 端口被设定为 OUTPUT 模式，value 是 HIGH 时，端口为 5V；value 值是 LOW 时，端口为 0V。如果端口 pin 被设置为 INPUT 模式，当 value 为 HIGH 时，将使能内部 20kΩ 上拉电阻；value 为 LOW 时，将禁用内部上拉电阻。

digitalRead(pin) 函数，返回值为 HIGH 或者 LOW，用于读取端口电平状态。

端口接上拉电阻和下拉电阻用于防止短路或者电流过大，Arduino Mega2560 端口通过的最大电流是 40mA，那么端口高电平是 5V，当端口与 GND 连接时，电阻最少应该是 125Ω，为减少功耗一般选用大些电阻，比如 10kΩ 电阻。

（2）基本的接线

以读取端口为例，如果是上拉电阻，电阻一端连接电源 VCC；一端连接端口。当开关闭合时，读取端口是低电平；开关断开时，读取端口是高电平。上拉电阻如图 4-1 所示。

如果是下拉电阻，电阻一端接地；另一端接单片机端口，这样当读取端口时，开关闭合是高电平，开关断开是低电平。下拉电阻如图 4-2 所示。

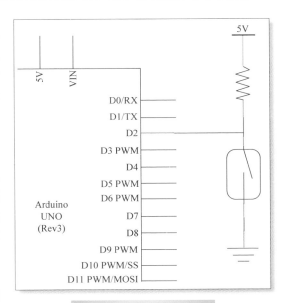

图4-1 上拉电阻示意图

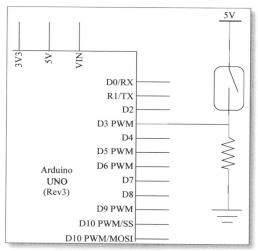

图4-2　下拉电阻示意图

4.1　指定端口输出与读取

　　下面的程序指定端口 3 为输入端口，连接开关，端口 13 为输出端口，以便点亮开发板上与端口 13 相连的 LED 灯。

　　电路原理图如下图 4-3 所示。

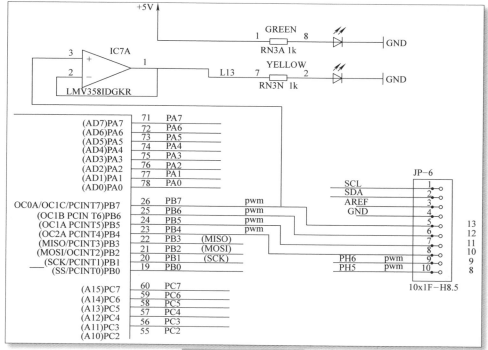

图4-3　电路原理图

面包板电路接线图如下图 4-4 所示。

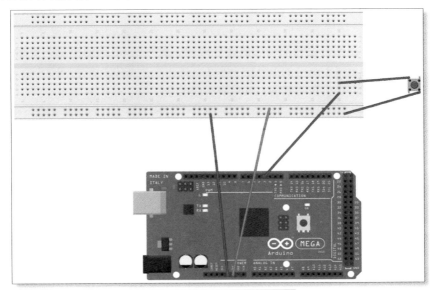

图4-4　面包板电路接线图

程序如下：

```
int inPin=3;                      // 定义输入引脚
int outPin=13;                    // 定义输出引脚
int value=0;
void setup() {
  // 将启动程序放此处，运行一次
  pinMode(inPin,INPUT);           // 设置 3 端口为输入模式
  pinMode(outPin,OUTPUT);         // 设置 13 端口为输出模式
  Serial.begin(9600);            // 初始化串口 0
}
void loop() {
  value=digitalRead(inPin);       // 读取端口 3 的电平：HIGH 或者 LOW
  Serial.println(value);          // 将读取的数字在串口上输出并查看
  delay(1000);                    // 程序延迟 1000ms
  digitalWrite(outPin,value);
}
```

程序运行的结果：按下按钮后，串口输出 1，并且延迟 1s 后开发板连接 13 端口的 LED 灯点亮。

4.2　时间函数

上面的程序里涉及滞后函数 delay(value)，无返回值，value 单位是 ms，即

value 为 1000 时表示滞后 1s。关于时间函数还有：

delayMicroseconds(us) 函数，延迟 μs(微秒)，即 μs 为 1000 时表示 1ms。

micros() 函数，返回开发板启动后的微秒时间，大约 70min 左右重复计数。

millis() 函数，返回开发板启动后的毫秒时间，大约到 50 天溢出后，重新计数。

例 4-1：让连接 13 端口的 LED 灯间隔点亮，表示 SOS 信号 (SOS 信号摩尔斯代码为 000111000，0 代表短信号，1 代表长信号)。

程序如下：

```
int outPin=13;                      // 输出端口号
void setup() {
   // 将启动程序放此处，运行一次
   pinMode(outPin,OUTPUT);     // 设置端口模式
      }
void loop() {
   int i;
   // 信号发生前停滞 2s
   delay(2000);
   // 开始发送 S 摩尔斯代码
   for(i=0 ;i<3;i++)
   {
      digitalWrite(outPin,HIGH);
      delay(500);
      digitalWrite(outPin,LOW);
      delay(500);
   }
   // 开始发送 O 摩尔斯代码
   for(i=0 ;i<3;i++)
   {
      digitalWrite(outPin,HIGH);
      delay(1500);
      digitalWrite(outPin,LOW);
      delay(500);
   }
   // 开始发送 S 摩尔斯代码
   for(i=0 ;i<3;i++)
   {
      digitalWrite(outPin,HIGH);
      delay(500);
      digitalWrite(outPin,LOW);
      delay(500);
   }
}
```

这样程序编译上传后，运行时，LED 灯闪烁时间 3 短 3 长 3 短，显示 SOS 信号。

4.3　8 位数据直接读写

Arduino 语言本质上是嵌入式 C++ 语言基础上增加了一个 Arduino 库，编译器还是 C++ 的编译器，可以说 C++ 的语法就是 Arduino 的语法，在单片机上能用的 C++ 语句也能在 Arduino 环境中使用。

Arduino 给我们提供了直接读写端口 B、C、D 的语句，端口 B、C、D 是 Mega2560 芯片定义的端口，不是 Arduino 定义的引脚，其中，DDRB、DDRC、DDRD 用于设定端口的输入输出模式，比如：

DDRB=B00110100；// 用于定义引脚 13、12、10 的输出模式为 OUTPUT。

等价的语句是：

pinMode(10,OUTPUT)；

pinMode(12,OUTPUT)；

pinMode(13,OUTPUT)；

这种语句就是一次性同时设置，效率高，但可读性差，对于总线布局的电路可能会好些。

同理，PORTB、PORTC、PORTD 可以设定输出或者读取端口数据，比如：

PORTB=B00100100；// 引脚 10、13 输出为高电平

等价的语句为

digitalWrite(10,HIGH)；

digitalWrite(13,HIGH)；

上面的指令，需要在 Arduino Mega2560 芯片上试验，程序如下：

```
void setup() {
  // 将启动程序放此处，运行一次
  DDRB=B00110100;
  Serial.begin(9600);
}
void loop() {
  // 将主程序放此处，重复运行
  PORTB=B00100100;
  Serial.println(PORTB);
}
```

程序完成对引脚 13、10 的输出高电平，并将端口 B 的数据读出，输出到串口监视画面中，监视画面参见图 4-5。

图4-5 串口输出PORTB的数值

4.4 七段 LED 数码管

数码管说明：七段 LED 数码管主要用于显示数字，有共阳极数码管和共阴极数码管两种，本质上都是内部有 8 个发光二极管，发光二极管分别被标记为 a、b、c、d、e、f、g 及 dp 代号，dp 代表小数点，其他参见图 4-6。

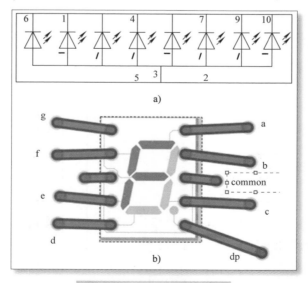

图4-6 共阳极七段数码管

　　LED 的工作电压为 2V，Arduino 引脚输出电压为 5V，因此在单片机和 LED 之间必须串联一个限流电阻。至于开发板上 13 引脚直接连接 LED，那是因为 Arduino 输出电流不高，最大为 40mA，而且 13 引脚内接一个 1kΩ 的电阻，因此不会烧毁 LED。正确的 LED 电路如图 4-7 所示。因此 Mega2560 开发板与七段数码管连接的时候，需要 300Ω 的电阻 8 个，分别作为限流电阻，避免电流过大烧坏 LED 管。连接电路图参见图 4-8。当开发板 Mega2560 的引脚 38、39、40、41、42、43、44、45 低电平时，七段数码管全亮，高电平时熄灭。

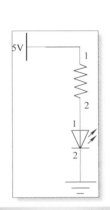

图4-7　LED的正确接法

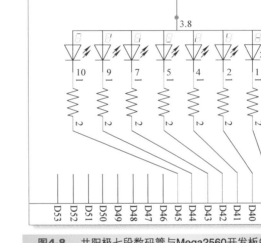

图4-8　共阳极七段数码管与Mega2560开发板的电路连接

　　数码管显示程序举例：下面的程序数码管引脚分别连接在 22、23、24、25、26、27、28、29 引脚，每个引脚连接 300Ω 电阻用于限流，显示程序如下：

```
int pin_a=22;      // 定义连接数码管的引脚
int pin_b=23;
int pin_c=24;
int pin_d=25;
int pin_e=26;
int pin_f=27;
int pin_g=28;
int pin_dp=29;
void setup() {
   // 设置引脚为输出模式
   pinMode(pin_a,OUTPUT);
   pinMode(pin_b,OUTPUT);
```

```
  pinMode(pin_c,OUTPUT);
  pinMode(pin_d,OUTPUT);
  pinMode(pin_e,OUTPUT);
  pinMode(pin_f,OUTPUT);
  pinMode(pin_g,OUTPUT);
  pinMode(pin_dp,OUTPUT);
}
void loop() {
  // 显示数码程序，以下程序显示 8，但小数点没有显示
  digitalWrite(pin_a,LOW);
  digitalWrite(pin_b,LOW);
  digitalWrite(pin_c,LOW);
  digitalWrite(pin_d,LOW);
  digitalWrite(pin_e,LOW);
  digitalWrite(pin_f,LOW);
  digitalWrite(pin_g,LOW);
  digitalWrite(pin_dp,HIGH);
}
```

程序的显示结果如下图 4-9 和图 4-10 所示。

图4-9 七段数码管显示实验1

图4-10　七段数码管显示实验2

在上面的程序中，明显的缺陷就是显示的数据固定不变，最好能够使用函数形式，给函数具体的数据，让它来完成显示的数码，修改程序如下所示：

```
int pins[8]={22,23,24,25,26,27,28,29};// 改进 1：将与数码管连接的引脚保
                                        //        存在数组中
int i=0;
int n=0;
void setup() {
  // 将启动程序放此处，运行一次
  for (i=0;i<8;i++)
        pinMode(pins[i],OUTPUT);         // 设置连接的引脚为输出模式
  Serial.begin(9600);
}
void loop() {
  // 将主程序放此处，重复运行
  show7segs(n);                          // 调用函数
  n++;
  if(n>9)
      n=0;
```

```
    Serial.println(n);
    delay(1000);                            // 显示每个数字后，延时 1s
}
// 改进 2：将显示数码的信息变成函数，输入数据就是要显示的数据
void show7segs(int number)
{
    const byte leds[10]={B00111111,B00000110,B01011011,B01001111,
                         B01100110,B01101101,B01111101,B00000111,
                         B01111111,B01101111};
// 改进 3：将显示的数码管信息固定为二进制常数数组
    byte b=~leds[number];                   // 取显示的数据
    int s;
    for(i=0;i<8;i++)
    {
        s=bitRead(b,i);                     // 读取每一个数码段的显示
        if (s==0)
            digitalWrite(pins[i],LOW);
        else
            digitalWrite(pins[i],HIGH);
    }
};
```

这段程序的改进很多，首先用 void show7segs(int number) 作为一个独立函数，用于显示函数参数变量的值，在这段函数中使用了内部函数 bitRead(b，i)，这个函数用于读取一个数据 b 的二进制的从右边数的第 i 位数据。其次，使用数组 int pins[8]={22，23，24，25，26，27，28，29}；保存引脚定义，并在 setup() 函数中使用循环来设置引脚模式，简化了程序。

上面这个程序具有一定的实用性。

第5章

A-D 采样与模拟信号采集

单片机作为数据采集仪器最为常用。把 0~5V 的模拟量经过 A-D 转换成数字量进行采样分析，已经成为智能仪器仪表的主流技术。Mega2560 开发板具有 16 路采集外部模拟量的引脚，即 A0~A15，并将采集到的模拟量转换为具有 10 位准确度的数字量，即将 0~5V 电压转换为数字量 0~1023，这个准确度单位是 5V/1024=0.0049V，即 0.5% 的准确度。

5.1 模拟量读取

读取 A0~A15 引脚的模拟量输入的函数为 int analogRead(pin)，给定模拟量读取的引脚号 pin，函数返回 0~1023 的整数值。

注意：

> 首先，这个函数将花费 $100\mu s=0.0001s$ 时间读取 A0~A15 引脚的数据，最大模拟量数据读取频率为 10kHz，即 1s 能够读取 10000 次模拟量。这个时间概念对于单片机编程来说很重要，它代表消耗 CPU 的计算量，但这个计算速度跟 CPU 类型也有关系，所以也不能一概而论；其次，analogReference() 能够配置模拟引脚的参考电压，例如：analogReference(INTERNAL) 这个函数配置模拟引脚的内部参考电压，即 CPU 内部电压，比如 1.1V，但这个函数不是对所有 CPU 都能起作用。

例 5-1：下面的程序将读取模拟量引脚 3 的值并从串口 0 输出。可以把模拟量引脚 3 与 5V 电源引脚相连，这样读取的数据显示在串口 0 上，就是 1023。

```
int pin=3;                    //模拟量引脚虽然定义为 A0~A15，但在程序里
                                依然使用整数值代表，pin 只是代表一个整数，
                                可以作为模拟量的引脚定义，也可以作为数字
                                输出引脚的标号
int value;                    // 存储模拟量读取的返回
void setup() {
  Serial.begin(9600);         // 串口初始化
}
void loop() {
  value=analogRead(pin);      // 模拟量读取
  Serial.println(value);      // 串口输出读取的模拟量
}
```

编译上传程序后，打开串口监视器，便可看到程序的运行结果。

5.2　电位计读取

电位计，是最为常用的模拟量输入电子元器件，有 3 个引脚，分别为 GND、VCC、SGN，即地、电源和信号，下面为典型电位计与 Arduino Mega2560 开发板连接图，参见电路图 5-1，其中，SGN 引线与模拟量 2 号引脚相连。

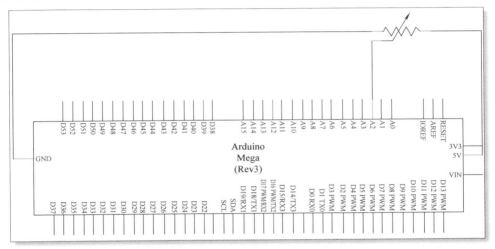

图5-1　电位计与Mega2560开发板连接电路图

程序如下：

```
int pin=2;      // 仅修改模拟量读取引脚
int value;
void setup() {
  // 将启动程序放此处，运行一次
  Serial.begin(9600);
}
void loop() {
  // 将主程序放此处，重复运行
  value=analogRead(pin);
  Serial.println(value);
  delay(100);// 增加一个时间延迟 0.1s，以免串口输出的数据太快，看不很清楚
}
```

程序编译，上传后，打开串口监视器，并扭转电位计，观察串口数据的变化，参见图 5-2。

图5-2　在串口0输出的模拟量数据

5.3　酒精浓度检测

Arduino Mega2560 开发板要求信号是 0~5V 的标准信号才能读取，对于大多数传感器不符合这一要求，因此就需要对信号进行放大处理，满足开发板对标准信号的要求，这种处理既是对信号的放大也是对信号的滤波，因此常称这种电路为调理电路。

本实验中使用了 TELESKY 酒精浓度传感器模块检测酒精浓度，常用于驾驶人酒后驾驶呼出气体的酒精浓度检测。

使用器件：TELESKY 酒精浓度传感器模块，如图 5-3 所示。

工作电压：3~5V

使用芯片：MQ-3 气体传感器，LM393 放大芯片。

输出：TTL 电平输出，模拟量输出 0~5V，浓度越高输出电压越高，探测呼出气体的酒精浓度（质量分数）范围 $(10~1000) \times 10^{-6}$。

4 个引脚，分别对应：VCC、GND、D0、A0。

图5-3　TELESKY酒精浓度传感器实物图

其中，VCC 接电源 +5V，GND 接地，D0 为 TTL 开关信号输出，A0 为模拟信号输出。

测试程序如下：

```
int vpin=3;
int value=0;
void setup() {
  // 将启动程序放此处，运行一次
  Serial.begin(9600);
}
void loop() {
  // 将主程序放此处，重复运行
  value=analogRead(vpin);  // 直接读取模拟量输出值，并输出到串口
  Serial.println(value);
  delay(100);
}
```

上面的程序很简单，很容易理解，很快捷，不用复杂的初始化等步骤。

5.4　湿度报警

下面用 Arduino Mega2560 开发板采集湿敏传感器模块检测到的湿度，如果发生湿度报警，则通过开发板来控制板载 LED 灯的亮度变化。

实验器件：TELESKY-HR202 湿敏传感器模块，如图 5-4 所示。

湿敏传感器模块对环境湿度很敏感，用来检测周围环境的湿度。模块上有电位计，通过对电位计的调节，可以改变湿度检测的阈值（即控制湿度值）。模块在环境湿度达不到设定的阈值时，D0 输出高电平，绿灯不亮；当外界湿度超过设定阈值时，D0 输出低电平，绿灯亮。D0 引脚输出端可以与单片机直接相连，通过单片机来检测高低电平，由此来检测环境的湿度改变。三个引脚，分别接电源、地和输出信号 D0 引脚。

电路图示意如图 5-5 所示。

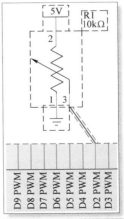

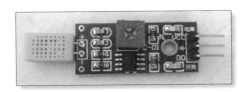

图5-4　TELESKY湿敏传感器模块　　　图5-5　湿敏传感器模块接线示意图

59

实验程序如下：

```
int pin=2;
int dopin=13;
int v;
void setup() {
  // 将启动程序放此处，运行一次
  pinMode(dopin,OUTPUT);// 设置引脚的输入输出
  pinMode(pin,INPUT);
  Serial.begin(9600);
}
void loop() {
  // 将主程序放此处，重复运行
  v=digitalRead(pin);
  digitalWrite(dopin,v);
  serial.println(v);
  delay(200);
}
```

本实验中通过观察板载 LED 灯的明灭变化来观察 D0 的输出高低电平的变化，由此来检测环境湿度的变化。

5.5 空速管差压传感器

空速管传感器用于测量空速管相对空气的速度，在低速情况下仅测量气流的总压与静压之差，来计算空气速度。

空气速度的基本公式如下：

$$V=\sqrt{\frac{2(P_T-P_S)}{\rho}}$$

传感器：Freescale MPXV7002 系列压阻式传感器是最新型的单晶硅传感器，采用小外形封装。该传感器特别适用于那些采用带 A-D 输入的微控制器或微处理器的应用。传感器结合先进的微机械技术、薄膜金属化和双极处理，提供与施加的压力成正比的高准确度电平模拟输出信号，这样既可以测量正压，也可以测量负压。此外，它采用特定的 2.5V 偏移替代了传统的 0V，这个新系列传感器允许每个端口测量的压力高达7kPa。差压与模拟量电压输出的曲线如图 5-6 所示，传感器实物图如图 5-7 所示。

从图 5-6 中看出当给传感器电源 5V 电压时，传感器能够输出 0.5~4.5V 的电压，误差范围为 0.25V。当差压为 0 时，输出 2.5V。因此只要供电，传感器就可以有信号输出，然后通过 Mega2560 开发板进行 A-D 采样，就可以获得差压信号，经过 CPU 的计算，便可得到空气速度值。

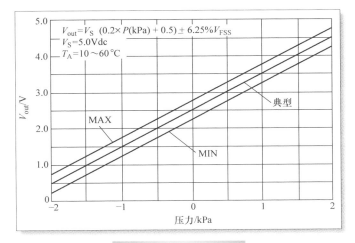

图5-6　传感器特性线

传感器有 8 个引脚，其中只有 2、3、4 引脚有用，其他引脚都悬空，2 引脚接 5V
电源，3 引脚接地，4 引脚是输出引脚。下面程序将 Arduino Mega2560 开发板读取传
感器值后，经过一系列计算得到空气速度，并输出到串口 1，电路如下：

图5-7　传感器实物图

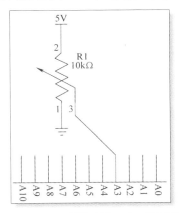

图5-8　差压传感器接线图（与电位计类似）

空速管程序如下：

```
int vpin=3;        // 定义模拟量接口
int value=0;       // 定义转换后的值
float v;           // 定义浮点变量用于计算速度
void setup() {
  // 将启动程序放此处，运行一次
  Serial.begin(9600);
}
void loop() {
  // 将主程序放此处，重复运行
```

```
    value=analogRead(vpin);  // 读取模拟量，每 1V 代表 1kPa
    Serial.println(value);   // 输出到串口，看数据变化
    v=abs(value - 512);      // 转换为相对数压力
    v= v/512*2.5*1000;       // 转换为差压值，单位为 Pa
    v=sqrt(2*v/1.22);        // 计算速度，单位为 m/s
    Serial.println(v);       // 串口输出空速最小 0m/s，最大 63.96m/s，实际值
                             // 比这个值小

    delay(100);
}
```

第6章

PWM 波与模拟信号输出

脉冲宽度调制（Pulse Width Modulation，PWM），其输出波形是一种周期形式的方波，在器件间传递信号时广泛使用。比如，ESC 电子调速器信号端是指定频率的 PWM 信号、电机调速信号、无线电接收器传递信号等。

6.1 PWM 与 LED 灯亮度控制

在 Arduino Mega2560 开发板上，使用 analogWrite(pin，value) 函数向指定 pin 引脚写 value 值，在引脚 pin 上形成固定频率的 PWM 波，这种信号可以用在 LED 灯亮度控制或者电动机速度控制上。

analogWrite() 产生的 PWM 波信号频率为 490Hz，分辨率为 8 位，即 0~255。在 Arduino Mega2560 开发板上，能够产生 PWM 波的引脚定义为：2~13，44~46，共计 15 路 PWM 信号资源。

例 6-1：使用电位计控制引脚 44 连接的 LED 灯的亮度。其接线图如图 6-1 所示，其实验图如图 6-2 所示。

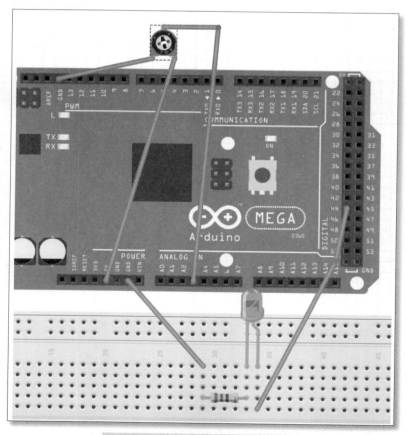

图6-1　电位计控制LED亮度接线图

图6-2　电位计控制LED亮度实验

程序如下：

```
int ledPin=44;                          //ledPin定义控制LED引脚44，可以输出PWM波
int analogPin=3;                        // 模拟量读取引脚，用于读取模拟量的A3引脚
int value;
void setup() {
    // 将启动程序放此处，运行一次
    pinMode(ledPin,OUTPUT);             // 设置ledPin引脚为输出模式
    Serial.begin(9600);
}
void loop() {
    // 将主程序放此处，重复运行
    value=analogRead(analogPin);        // 读取模拟量
    value=map(value,0,1023,0,255);      // 将模拟量的范围转换到0~255
    analogWrite(ledPin,value);          // 输出PWM波，经过转换value范围在0~255
    Serial.println(value);
}
```

　　还有一个有趣的问题，就是能够使用analogWrite()函数在某些引脚输出PWM波，然后将此信号连接到模拟量引脚A0，用analogRead()函数读取这个引脚，数据将是什么呢？让我们看看图6-3所示的电路图，直接将输出的PWM波的引脚44连接到模拟量输入引脚A0上，然后编写读取模拟量的程序。

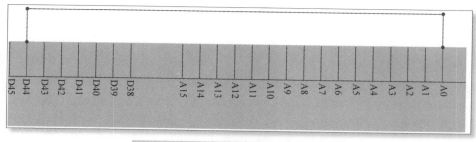

图6-3 读取PWM波输出的模拟量数据

将读取的数据输出到串口，程序如下：

```
int pinAna=0;
int pinPwm=44;
int i=0,value=0;
void setup() {
  // 将启动程序放此处，运行一次
  pinMode(pinPwm,OUTPUT);
  Serial.begin(9600);
}
void loop() {
  // 将主程序放此处，重复运行
  analogWrite(pinPwm,i);
  value=analogRead(pinAna);
  Serial.println(i);
  Serial.println(value);
  i++;
  if(i>255) i=0;
  delay(500);
}
```

读取的模拟量可能是 0 或者 1023，有些随机性，因为 PWM 波输出频率是490Hz，而模拟量读取函数运行时间在 0.1ms 的时间，这样就出现时间差异了。

如果期望输出的信号随着 PWM 波的脉宽而变为 0~5V 输出，那么输出信号需要增加RC 滤波，这里的 R 值和 C 值需要作一个计算，以满足滤波的要求。基本电路如图 6-4 所示。

传递函数为

$$\frac{1}{RCs+1}$$

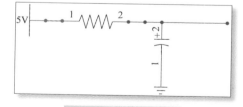

图6-4 RC滤波器

其中，RC 的大小决定输出的频率范围，即 RC 决定滤波器的滤波范围，其单位为时间 s，如果 RC=0.02s，那么滤波器响应时间为 0.02s，即 50Hz 以上的频率都滤掉。那么对于 Arduino Mega2560 开发板，是用 analogWrite() 函数来输出脉宽调制的信号490Hz的PWM波，期望输出0~5V的模拟电压，那么输出频率期望在50Hz以下，取 RC=0.02，C=1μf=10^{-6}f，那么 R=20k。如果 analogWrite(44, 123) 函数输出脉宽调制 PWM 波，经过 RC 滤波器以后，输出效果应该是 2.5V 左右的模拟电压。

可以通过 MATLAB Simulink 仿真建立模型，Simulink 模型如图 6-5 所示，我们可以通过仿真更直观地观测信号的变化及参数的计算及其作用，输出效果是趋近于 2.5V 的模拟电压曲线。

信号发生器　　　　传递函数模块　　　　示波器

图6-5　低通滤波器仿真

6.2　舵机 ESC 信号

航模舵机或者电调信号都是采用标准 PPM 信号，即频率 50Hz、电压 5V 的脉冲 PWM 信号，由脉冲的个数决定信号数量，脉冲的宽度决定信号的大小，输出给舵机或电调的 PWM 信号只有一个，即舵机的转动角度或者电动机的转速信号。

Arduino Mega2560 开发板产生的 PWM 信号都是频率为 490Hz 的脉冲方波，不符合舵机信号要求，那么就要通过编程来实现。下面是生成 50Hz 的 PWM 波的程序。

```
void setup()
{
  pinMode(13, OUTPUT);
}
void loop()
{
  digitalWrite(13, HIGH);
  delayMicroseconds(1000);  // 大约10%的占空比
  digitalWrite(13, LOW);
  delayMicroseconds(20000 - 1000);
}
```

上面的程序尽管可以使用任何引脚输出可控频率的 PWM 波，但有很多问题，①程序占用 CPU 时间，在 20ms 时间里都被占用，不能做任何事情，不能同时控制多个电子调速器；②任何中断都将影响 PWM 信号输出，影响准确度；③上面这个程序很难做出指定脉宽和指定频率的 PWM 信号。

那么如何解决上面的问题呢？方法是直接控制 Mega2560 芯片内部的时钟寄存器，可以获得比 analogWrite() 函数更好的 PWM 信号波形。Mega2560 芯片内部有 6 个内部时钟，每个时钟有 2 个输出比较寄存器，这个寄存器控制 PWM 的脉宽给 2 路时钟输出。即当时间达到比较寄存器的设定值时，对应的输出变化，每个时钟的 2 个输出正常情况下具有相同的频率，但依赖不同的比较寄存器，可以有不同的脉宽，并且每个输出可以反转。

每个时钟有一个时间尺度，用于控制时钟准确度，这个准确度为系统时钟除以时间尺度，如 1、8、62、256 等。Arduino 的系统时钟为 16MHz，那么时钟频率应该是 16MHz/ 时间尺度。控制内部时钟是件很麻烦的事，找适当的时机再讲解。

还好，Arduino 提供了 Servo 库，用于给舵机或者电子调速器提供信号。

Servo 库允许开发板控制 RC 舵机电动机，这个舵机集成了齿轮减速器、电位计、直流电机等器件，可以精确地控制输出角度，标准舵机输出 0~180°，输出轴连续转动，可以停留在任何角度。Servo 库在 Arduino Mega2560 上可以支持多达 12 个舵机控制，而且不与 PWM 输出引脚冲突，但多于 12 个舵机时，将使引脚 11 和 12 的 PWM 输出失效。

舵机有 3 根线：电源、地线和信号线。一般需要 5V 供电，有的是 6V，如果舵机的功率较大，要单独供电，不能直接用开发板供电。下面用 9g 的小舵机与开发板相连，来讨论相关的 Servo 库函数。电路图如图 6-6 所示。

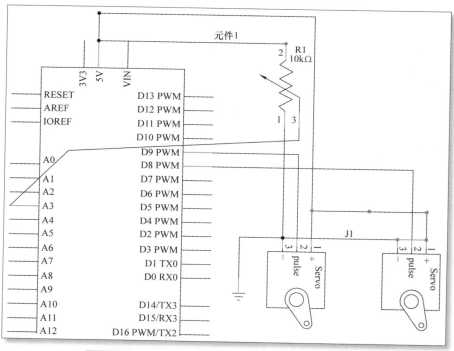

图6-6 Arduino Mega2560开发板与舵机连接原理图

例 6-2：Arduino Mega2560 开发板控制 2 个舵机，将电位计与模拟口 A3 相连，将引脚 8、9 与舵机信号线相连，电路图如图 6-7 所示。Arduino Mega2560 开发板与多舵机控制实验如图 6-8 所示。

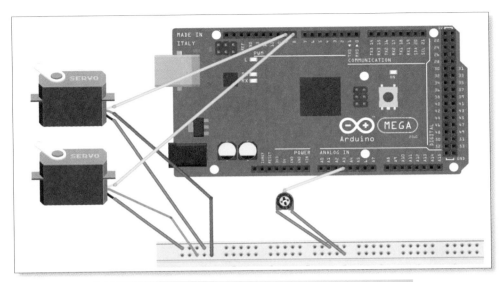

图6-7 Arduino Mega2560开发板与舵机、电位计连接示意图

图6-8 Arduino Mega2560开发板与多舵机控制实验

程序示例如下：

```
#include <Servo.h> // 这个头文件包括 Servo 类库，通过菜单"sketch"→"导
                   入库"→"Servo"导入
```

```
int pinPen=3;                          // 定义模拟信号引脚
int value=0;                           //
Servo s1,s2;                           // 声明 s1、s2 为 Servo 类对象变量，其中
                                          Servo 为 <Servo.h> 文件中定义的类

void setup() {
  // 将启动程序放此处，运行一次
  s1.attach(8);                        // 绑定 8 引脚，将在 8 引脚输出舵机信号
                                          PWM 波

  s2.attach(9);                        // 绑定 9 引脚，将在 9 引脚输出舵机信号
                                          PWM 波

  Serial.begin(9600);                  // 串口初始化
}
void loop() {
  // 将主程序放此处，重复运行

  value=analogRead(pinPen);            // 读取电位计的值，在 0~1023 之间
  value=map(value,0,1023,0,180); // 将 value 值映射在 0~180°，value 代表
                                          舵机转动的角度
  Serial.println(value);               // 串口输出，转换角度值
  s1.write(value);                     // 将舵机信号 PWM 波输出到舵机 1,s1
  s2.write(value);                     // 将舵机信号 PWM 波输出到舵机 2,s2
}
```

　　上面的程序，使用了 Arduino 类库，使用了类的概念、对象的概念、方法的概念，这些特色的东西正是 Arduino 的特点。

　　Arduino 为开发者提供多种类型的库，包括 Servo、SD、Stepper、SPI、wire 等类，使开发者容易上手。

　　Arduino 支持类和对象概念编程，可以将 C++ 编写好的类添加到类库中，以便其他开发者使用。

　　关于面向对象编程中涉及的类和对象的概念将在下一章进行讲解。

6.3　无刷电机 ESC 信号

　　Servo 类有多个函数：

　　servo.attach(pin) 或 servo.attach(pin，min，max) 用于设定输出 PWM 波的绑定引脚，对于 Arduino Mega2560 开发板，可以输出 1~12 个 PWM 波或更多，而不会影响其他 analogWrite() 函数的输出。其中 pin 代表引脚；min 代表脉宽最小值，单位为 ms，对应舵机最小角度；max 代表脉宽最大值，单位为 ms，对应舵机最大角度。

　　servo.write(angle) 函数，向舵机输出指定角度，angle 即为指定角度。

　　servo.writeMicroseconds(μs) 函数，向舵机输出以 μs 为单位的脉宽，对于舵机是代表角度，1000 代表逆时针，2000 代表顺时针，1500 代表中立位置，对于连续转

动电机和调速器也是如此。

servo.read() 函数，读取舵机当前角度，对于调速器，则读取电机当前速度。

servo.attached() 函数，检查舵机对象是否绑定，返回 true 或 fals。

servo.detach() 函数，解除绑定函数。

例 6-3：Arduino Mega2560 开发板与电子调速器连接控制无刷电机。

无刷电机是航模电动力的常用电机，转速需要 ESC 来控制，本试验的电机型号是新西达 2212，kv1000 的多旋翼动力电机，3S 锂离子电池供电，ESC 选用新西达 HW30A 无刷电机，电机转速信号由电位计给定，接线原理图如图 6-9 所示。

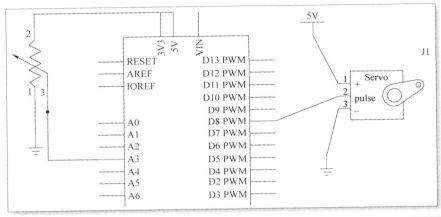

图6-9　ESC与Arduino Mega2560开发板接线原理图（本图为示意图，图中电机和ESC用Servo替代）

程序如下：

```
#include <Servo.h>
int pinPen=3;
int value=0;
Servo s1;                              // 声明 s1 为 Servo 类型的对象
void setup() {
  // 将启动程序放此处，运行一次
  s1.attach(8);                        //8 引脚绑定与 ESC 连接
  Serial.begin(9600);
}
void loop() {
  // 将主程序放此处，重复运行

  value=analogRead(pinPen);            // 读取电位计模拟信号
  value=map(value,0,1023,1000,2000);   // 信号转换时间为 1000~2000μs
  Serial.println(value);
  s1.writeMicroseconds(value);         //给 8 引脚输出 PWM 波 20ms 中 1000~
                                       2000μs 的脉宽
}
```

图 6-10 为 ESC 信号实验实物图。

图6-10 Arduino生成ESC的PWM信号实验

图 6-10 所示的实物中，黄色的模块为 ESC，2 根电源线用 T 插头与 3S 锂电池电源（与图 6-10 中红色模块）相连，3 根信号线，信号线与 Arduino Mega2560 开发板引脚 8 相连，GND 地线与 Mega2560 开发板相连，5V 电源线空接（实际为 5V 供电电源，由于开发板有供电电源，此处省去），ESC 出口 3 根电源线与无刷电机（图 6-10 中手持电机为无刷电机，正在工作）3 根电源线相连。

第7章

类设计、对象与库

7.1　Arduino 库

Arduino 给开发者提供了众多的内部库，包括：E²PROM、Wire、WiFi、Esplora、SoftwareSerial、Stepper、SD、Ethernet、LiquidCrystal、Servo、Firmata、SPI 等，这些库为开发者提供了单片机编程需要的诸多底层程序，为快速开发程序提供了捷径。但这些库，本身也是 Arduino 为开发者提供的标准内部函数，开发者当然也可以开发出自己的外部函数，为自己的程序而用，或者提供给其他开发者使用。

这些内部库的设计，全部都使用了面向对象的程序设计技术，即类编程思想，这是基于 AVR 单片机编译器的特点，也是 Arduino 受欢迎的特点之一。用此方法，单片机程序最终可以完全摒弃单片机的硬件引脚定义和硬件电路，而完全演化为对类的设计和对象的操作。

7.2　类的特点

Arduino 程序语言从 C++ 语言演化而来，并采用 C++ 编译器，因此，Arduino 语言本质上是面向对象的程序设计语言。初学者感觉它们很简单，使用很方便，而往往不熟练使用类这个工具，或者缺乏对类设计的理解而忘掉这个最大的特点。

面向对象的程序设计的主要优势有：封装性、继承性、多态性。这些特点有些抽象，对于初学者很不容易理解，往往是能够实现程序功能就可以的思考模式，阻碍了初学者继续思考的动力。

封装性：所谓封装性，就如前面使用到的串口 0 对象 Serial，当使用这个对象时，不需要考虑哪个引脚能够实现串口 0，引脚如何实现字节传送，而只需要了解关于串口对象的方法如何使用，如 print、println 等方法，那么就可以使用串口。这个串口对象就是 Arduino 内部已经定义好的串口类，根据 Mega2560 开发板共有 4 个串口资源的特点，而定义了 4 个串口对象，分别为 Serial、Serial1、Serial2、Serial3，用户直接使用这 4 个对象即可。即类定义封装了类的内部实现，展现给用户的是对象操作。

继承性：所谓继承，就是继承已经存在的代码而设计新代码。代码是指一段特定功能的类程序，这段类程序继承了以前的开发工作，这样就节省了开发时间，并且减少了新程序调试时间，这是类设计的最大特点。类继承有两种方式，即继承和组合。继承的类称为子类，被继承的类称为父类，因此在继承方式中，子类与父类之间有派生关系；而组合方式，子类与父类之间是包含关系。

多态性：所谓多态，就是函数或者方法的名字可以一样，但参数类型和数量不同，程序在调用时根据参数的类型和多少自动区分调用的函数。例如：数学函数 abs(x)，其参数 x 没有类型限制，即 x 可以是浮点类型，也可以是整型。其实，Arduino 在定义 abs(x) 时，是定义了多种 abs 函数形式，如：int abs(int x), long abs(long x), float abs(float x) 等函数类型，在调用 abs 函数时，根据变量的类型来自动选择调用的函数，这种形式叫多态性。对于类设计同样适用这个规则，即类的方法函数也可以按多态的模式定义，在对象调用方法时依据变量类型和数量自动选择调用的类函数，包括从父类继承的函数。

类设计的这些特点为程序开发者提供了灵活多变、思路简单，但掌握困难的技术手段，尽管如此，面向对象程序设计代码的可读性、灵活性、结构合理性为大规模程序代码的编写提供了程序框架基础。

对象和类是两个完全不同的概念，初学者经常会混淆。简单言之，对象就是执行者，就是变量，是在程序中可以运算操作的量，经常通过对象的方法实现程序的功能或者利用对象本身来传递数据；而类就是开发者自己设计的数据类型，可以有自己的函数，自己设计的数据类型和存储空间。

例 7-1：引脚 13 与一个晶体管的基极相连，这个晶体管的基极驱动电压应该为 1.5 ～ 5V，并且该晶体管作为直流电机的开关来完成直流电机的起停操作，电路图参见图 7-1，图 7-2 为电机连线示意图。

晶体管选型：选择 PNP 型晶体管 9012。9012 是非常常见的晶体管，在收音机及各种放大电路中经常看到它，应用范围很广，它是 PNP 型小功率晶体管，低电平驱动基极，电路导通；高电平驱动基极，电路断开。

9012 晶体管（TO-92 封装）引脚图如图 7-3 所示。

图7-1　有刷直流电机实验图

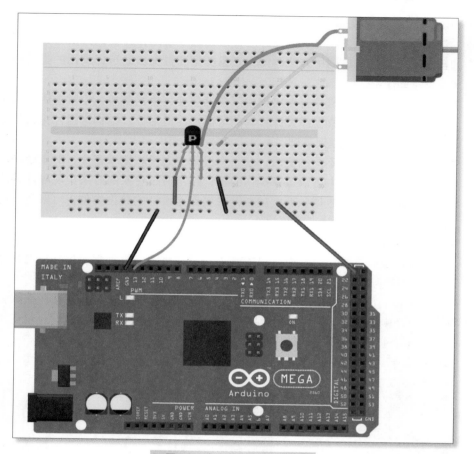

图7-2 直流电机连线示意图

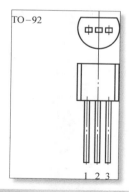

图7-3 9012晶体管引脚图

1—发射极　2—基极　3—集电极

电机选型:直流有刷电机,电压等级 1.5~5V 驱动,小功率直流电机,可用于玩具、开发板、学习板等。

电路搭建以后,有以下几种思路的程序:

第一种方法:引脚 13 输出 0~255 的 PWM 波,低电压驱动

```
int dcPin=13;                    // 定义与直流电机晶体管开关相连的引脚
int i=0;                         // 参数
void setup() {
                                 // 将启动程序放此处,运行一次
  pinMode(dcPin, OUTPUT);        // 设定 13 引脚为输出
  Serial.begin(9600);           // 串口用于显示数据
}
void loop() {
                                 // 将主程序放此处,重复运行
  if(i>255)                      //i 循环 0~255
     i=0;
  else
     i++;
  Serial.println(i);            // 串口察看 i 输出
  analogWrite(dcPin, i);        //13 引脚输出 PWM 波,脉宽为 i
  delay(200);                    // 程序时延 200ms,即 0.2s
}
```

以上程序,在引脚输出 PWM 波的脉宽小时,电机转速快,脉宽大时,电机转速慢。

第二种方法:引脚 B 输出固定频率信号驱动电机

```
int dcPin=13;                    // 定义与直流电机晶体管开关相连的引脚
void setup() {
                                 // 将启动程序放此处,运行一次
  pinMode(dcPin, OUTPUT);
}
void loop() {
                                 // 将主程序放此处,重复运行
  digitalWrite(dcPin, HIGH);     // 直流电机停止
  delay(100);
  digitalWrite(dcPin, LOW);      // 直流电机起动
delay(100);
}
```

很显然,程序完全可以驱动 DC Motor 转动 100ms,停止,接着继续转动 100ms,并停止,依次往复。这里的电机可能会因为惯性,转动和停止不止 100ms。这个程序直接使用了 Arduino 给的内部函数来写引脚 13 的电平,直接跟硬件打交道,程序实际很不友好,要求必须对硬件有所了解,当然程序也不易读。

下面进行改写，DC Motor 驱动的程序，如下：

```
class DC Motor
{
  private :
      int dcPin;
  public :
      DC Motor(int pin){dcPin=pin;pinMode(dcPin, OUTPUT);};
      void Run();
      void Stop();
};
void DC Motor : : Run()
{
    digitalWrite(dcPin, LOW); // 起动直流电机
};
void DC Motor : : Stop()
{
    digitalWrite(dcPin, HIGH); // 直流电机停止
};
int dcPin=13;                  // 定义与直流电机晶体管开关相连的引脚
DC Motor dc(dcPin);            // 对象定义
void setup() {
                               // 将启动程序放此处，运行一次
}
void loop() {
                               // 将主程序放此处，重复运行
  dc.Run();                    // 起动直流电机
  delay(100);
  dc.Stop();                   // 直流电机停止
  delay(100);
}
```

上面的程序首先定义了一个类 DC Motor，在类的函数中定义引脚输出，并在函数 Run() 中完成直流电机转动和在函数 Stop() 中完成停止操作，然后在程序中定义用类 DC Motor 定义对象 dc，调用构造函数 DC Motor(dcPin) 初始化，并在 loop() 函数中调用 dc.Run() 让电机转 100ms 后调用 dc.Stop() 停止 100ms，循环转动、停止动作，与前面的程序实现了完全一样的功能，而且程序还有些繁琐和不好理解，或者说不可理喻，为什么这么简单的一项工作非要走弯路而舍近求远呢？

（1）类代码对端口操作 DC Motor 进行了封装，使用对象时不考虑硬件部分，直接用对象方法操作电机，代码可读性好。

（2）类代码 DC Motor 可以继承，被其他程序所利用，程序移植性能好，整个程序条理清晰，适合大程序结构框架设计。

7.3　类的构成

类定义需要：类本体、成员变量、构造函数、成员函数。

类定义：类就是用户或者开发者自己定义的一种含有数据操作函数的自定义数据类型，基本结构举例如下：

```
class DC Motor
{
  private:
      int dcPin;
  public:
      DC Motor(int pin){dcPin=pin;pinMode(dcPin, OUTPUT);};
      void Run();
      void Stop();
};
```

说明：

（1）类定义需要关键字 class，类的名字命名与变量规则相同，类本体需要用"{}"将类定义括起来，并用"；"结束定义。

（2）类的定义有成员变量和成员函数，变量是用于描述该类的数学变量，成员函数是用于描述成员变量的操作运算。

（3）类定义体内部包括私有部分 private 和公共部分 public，private 部分用于类内部使用的变量和函数，是不想让对象使用的函数或者变量，而 public 部分用于对象使用的函数或者变量，一般内部成员变量都为 private，而成员函数为 public。

（4）类是一个抽象体或者说是一个描述实体的数据，例如：描述 student 这样一个类，应该有成员变量 age、sex、height、level、telephone、lecture、scores等变量来描述一个学生的年龄、性别、身高、年级、电话、课程和学分，而对于学生升级、考试、通知、电邮等动作则可通过编写相应的成员函数来实现，如：update 函数完成升级、改变 level 变量，test 函数完成考试动作，scores 计算学习成绩的学分，inform 函数获取考试科目 lecture 的信息等数据操作。这里成员变量都需要成员函数来改变，因此所有成员变量都是 private，而成员函数都是 public，这是一般情况。

构造函数：类定义中，有一个特殊的与类同名的没有返回值的成员函数，为构造函数，如下面：

```
DC Motor(int pin){dcPin=pin;pinMode(dcPin, OUTPUT);
```

该构造函数完成由该类声明的对象的初始化工作，即对象的初始化，如上面的初始化，包括成员变量定义的输出端口赋值，并定义该端口的输出模式。构造函数，所有的类都必须有，用于完成该类成员变量的初始化，是声明对象时就执行的函数。因此在上面的关于 DC Motor 类的使用举例中，setup() 函数之前，实际上已经执行了关于 dcPin 的初始化工作。

成员变量：成员变量是类使用的变量，用于描述类定义的实体对象，如 DC Motor 这个类定义了一个通过晶体管控制直流电机这样一个实体，这个类必须有一个端口与晶体管的基极相连，即需要成员变量 dcPin 来定义该端口，通过这个成员变量，来控制直流电机的转停，因此在构造函数中，首先初始化该变量，并设置该端口的输出模式。

成员函数：成员函数是类的功能实现函数，需要什么功能就编写什么成员函数，如：DC Motor 中，直流电机起动，停止分别用 void Run() 和 void Stop() 来定义，而这个函数的实现可以放在类定义体的内部，也可以放在类本体的外部，例如构造函数就放在类本体的内部，而 void Run() 和 void Stop() 则在类本体的外部，如：

```
void DC Motor∶∶Run()
{
    digitalWrite(dcPin, LOW); // 起动直流电机
};
void DC Motor∶∶Stop()
{
    digitalWrite(dcPin, HIGH); // 直流电机停止
};
```

在该函数的实现定义中有关于函数的隶属关系描述，如："DC Motor∶"：是描述该函数 Run() 和 Stop()，属于类 DC Motor。

7.4 继承

继承是 Arduino 程序的最大特点之一，即新设计的子类可以在已有的父类基础上重新设计，并拥有父类所具有的可以继承的成员和方法，这样就利用了原有的代码，节省了工作量，并且以前开发的程序依然可以用同样的代码而不需要更改。

例 7-2：设计一个新类 spdMotor，完成有刷直流电机的速度控制和起停控制，有外部 0~5V 模拟信号通过端口 A2 输入给单片机，按照输入电压值确定电机转速，引脚 13 与直流电机相连的晶体管连接，该类完全可以重新设计，也可以继承 DC Motor 类。

下面采用继承的方案实现，实验接线如图 7-4 所示。

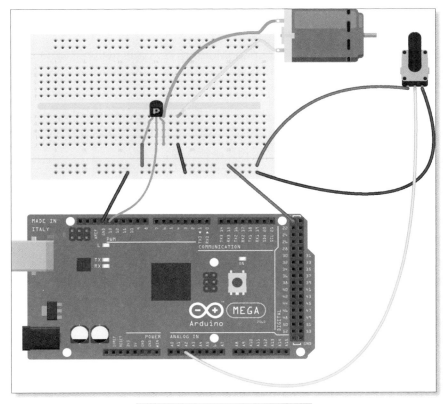

图7-4　继承方案的实验接线图

程序代码如下：

```
class spdMotor : public DC Motor
{
    private:
        int anaPin;
    public:
        spdMotor(int apin, int mpin) : DC Motor(mpin){anaPin=apin;
        pinMode(anaPin, INPUT);};
        void speedMotor();
};
void spdMotor : : speedMotor()
{
    int val=analogRead(anaPin);
    val= map(val, 0, 1023, 255, 0);
    analogWrite(dcPin, val);
}
```

上述代码需要说明：

（1）描述了子类 spdMotor 继承了父类 DC Motor，它们之间是父子继承关系；

（2）子类中继承了父类提供的函数；

（3）子类中增加了自己的函数 speedMotor 函数，通过电机控制端口写入模拟信号，即发送 PWM 信号，来控制电机转速；

（4）在子类中，增加了一个端口 anaPin，用于读入电机转速指令的模拟信号；

（5）在子类的继承中，最为复杂的是类的构造函数 spdMotor(int apin, int mpin)，因为 spdMotor 继承了 DC Motor，所以这个构造函数也要先执行父类 DC Motor 的构造函数，然后再执行 spdMotor 定义的构造函数，即：

```
spdMotor(int  apin, int  mpin) : DC  Motor(mpin){anaPin=apin;
pinMode(anaPin, INPUT);};
```

这个函数特殊的地方在于"：DC Motor(mPin)"，这个父类构造函数通过"："与 spdMotor 连接。

（6）在子类 spdMotor 中，使用了父类 DC Motor 中的成员变量 dcPin，但上面的 DC Motor 类定义中，该成员变量是 private 类型，因此不能被继承，所以需要更改 dcPin 的属性，更改为：protected 类型，属于此类型的成员变量都是可以被继承的 private 成员变量，程序如下：

```
class DC Motor
{
  protected :
      int dcPin;
  public :
      DC Motor(int pin){dcPin=pin;pinMode(dcPin, OUTPUT);};
      void Run();
      void Stop();
};
```

（7）成员变量的属性，有 public、private、protected，public 属性的成员变量可以在声明的对象中直接更改，子类可以继承 public 属性的变量和成员函数；private 属性的成员变量只能在类的成员函数中可见更改，在声明的对象中不能直接更改，不能被继承；protected 属性的成员变量属于 private 类型成员变量，但是可以被子类继承。

（8）子类 spdMotor 声明的对象，使用过程如下：

```
int dcPin=13;    // 定义与直流电机晶体管开关相连的引脚
int anPin=3;     // 定义读取 0~5V 模拟信号的引脚
spdMotor dc(anPin, dcPin);
void setup() {
    // 将启动程序放此处，运行一次
}
void loop() {
```

```
    // 将主程序放此处，重复运行
    dc.speedMotor();
}
```

对象 dc.speedMotor() 直接使用，根据模拟信号输入来调整速度。当然也可以使用 dc.Run()、dc.Stop()，因为 dc 对象虽然是 spdMotor 类声明，但继承了 DC Motor，因此 dc 对象拥有 DC Motor 类具有的成员函数。

7.5　类文件与库

类文件，一般包含两部分：类声明部分，以文件扩展名 ".h" 存储，成为头文件；类实现部分，以文件扩展名 ".cpp" 存储，称为源文件。如上面的 spdMotor 类，其中类声明部分存放在 spdMotor.h 中，实现部分存储在文件 spdMotor.cpp 中，这样就构成 Arduino 库需要的两个基本库文件。

头文件：需要一些改变，增加一些元素，代码如下：

```
#ifndef _DC Motor
#define _DC Motor
#include "arduino.h"
class DC Motor
{
  protected:
        int dcPin;
  public:
        DC Motor(int pin){dcPin=pin;pinMode(dcPin，OUTPUT);};
        void Run();
        void Stop();
};
class spdMotor: public DC Motor
{
    private:
        int anaPin;
    public:
        spdMotor(int apin，int mpin): DC Motor(mpin){anaPin=apin;
        pinMode(anaPin，INPUT);};
        void speedMotor();
};
#endif
```

对于这个 ".h" 的头文件，不是 .ino 类型文件，需要增加 Arduino 的头文件，即 #include "arduino.h"；其次对头文件有标记定义，即：

```
#ifndef _DC Motor
```

```
#define _DC Motor
…………    // 省略的代码
#endif
```

对于这个标记"_DC Motor", #ifndef _DC Motor 代表如果没有定义"_DC Motor"这样一个标记, 那么 #define _DC Motor 定义这样一个标记"_DC Motor", 并在 #endif 之前编写类代码。

源文件: ".cpp" 文件, 需要增加一个包含定义类的头文件, 如:

```
#include "spdMotor.h"
void DC Motor : : Run()
{
    digitalWrite(dcPin, LOW); // 起动直流电机
};
void DC Motor : : Stop()
{
    digitalWrite(dcPin, HIGH); // 直流电机停止
};
void spdMotor : : speedMotor()
{
    int val=analogRead(anaPin);
    val= map(val, 0, 1023, 255, 0);
    analogWrite(dcPin, val);
}
```

在上面的代码中, 增加一个头文件标记, 即 #include "spdMotor.h", 这个标记表明源文件中使用了这个头文件中类的定义。

库: 将上面编写的类变成库, 需要两个步骤:

（1）需要在 Arduino\libraries 目录下创建新的子目录 spdMotor, 并将头文件和源文件复制或者移动到该 spdMotor 目录下, 这样就可以打开 Arduino 开发环境。

（2）打开 Arduino, 选择菜单"Sketch"→"import Library", 你将会看到 spdMotor 目录在里边, 这样在 Arduino 开发环境打开后, 就可以选择该 Library。

类库: 对于编写大规模程序的开发者来说, 无疑是一个很好的程序框架, 对于团队分工和程序调试都明确了工作步骤和工作内容。

第8章

I²C 通信

单片机之间通信方式 I²C，指双线制通信，即一个数据线和一个时钟线来完成单片机设备之间的通信。Arduino 库函数中有 Wire 库，用于双线制通信 (I²C/TWI)，Mega2560 开发板引脚 20 是 SDA 数据线，21 引脚是 SCL 时钟线。

I²C 总线是一种 master-slave 方式的通信模式，主从结构。

8.1 I²C 通信电路与库函数

I²C 通信电路，仅两根线 SDA、SCL，分别代表数据线和时钟线，由时钟线提供数据传递的节拍，数据线用于发送或接收数据，在总线上可以挂最多 127 个设备。2 个设备的 I²C 总线电路连接图如图 8-1 所示。

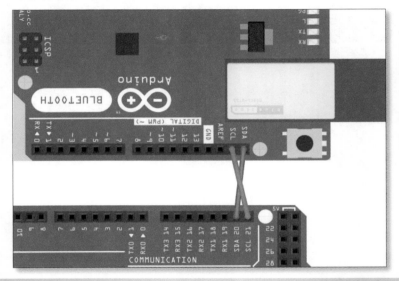

图8-1   Arduino Mega2560开发板与Arduino Bluetooth开发板的I²C总线连接示意图

通信方式：在 SCL 从低到高的上升沿，1 位包含指定设备地址信息和请求的数据，通过 SDA 数据线，从 Arduino 开发板传递到 I²C 设备。在 SCL 从高到低的下降沿，通过 SDA 数据线，被呼叫的设备传递数据返回到 Arduino 开发板。

Wire.begin() 或 Wire.begin(address) 初始化 I²C 总线并加入总线，正常调用 1 次。如果指定给出 7 位地址数据 address，指定地址意味着设备是 slave；否则设备就是 master，无返回值。

Wire.write(value) 或 Wire.write(string) 或 Wire.write(data, length) 用于向总线的 master 设备发送指定数据，可以是 value 或者 string 或者是指定 length 长度的数据。发送数据方法常与 beginTransmission(address)，endTransimission() 函数结合使用，例如：

```
#include <Wire.h>
```

```
void setup() {
                                // 将启动程序放此处，运行一次
  Wire.begin();
}
void loop() {
                                // 将主程序放此处，重复运行
  Wire.beginTransmission(44);// 指定 #44 号 I²C 设备
  Wire.write(millis());       // 发送 millis() 的数据到指定的地址的 I²C 设备
  Wire.endTransmission();     // 停止发送
  delay(500);
}
```

Wire.beginTransmission(address) 函数，向指定地址的 I²C 总线的 slave 设备传递数据，排列的数据传递用 write() 函数，而调用 Wire.write() 函数传递数据。

Wire.endTransmission() 或 Wire.endTransmission(stop) 函数，完成给 slave 设备传递数据，返回值如果是 true 说明释放了 I²C 总线，数据传递成功；如果返回 false 说明发送数据不成功，将重新启动发送数据，不释放 I²C 总线，并阻止其他设备传递信息。stop 参数是发送信息，释放总线资源，false 将再启动，保持总线处于连接激活状态。

Wire.read() 函数，当调用 requestFrom() 函数后，读取从 slave 设备上传递到 master 设备上的数据，或者读取从 master 设备上传递到 slave 设备上的数据并返回一个字节数据。例如：

```
#include <Wire.h>
void setup() {
                                // 将启动程序放此处，运行一次
  Wire.begin();               // 初始化 I²C 总线
}
void loop() {
                                // 将主程序放此处，重复运行
  Wire.requestFrom(2,6);      //#2 号设备要求 6 个字节
  while(Wire.available())     //slave 设备可能发送少于 6 个字节的数据
  {
      char c=Wire.read();     // 接收 1 个字节数据
  }
  delay(500);
}
```

Wire.onReceive(handler) 函数，当 slave 设备从 master 设备接收数据时调用指定注册函数 handler.。参数 handler 指向一个函数，当 slave 设备接收到数据时，调用这个函数，handler 是整型，无返回值，被动状态，slave 设备使用此函数。

Wrie.onRequest(handler)，当从 slave 设备向 master 设备发送请求数据时调用这个函数 handler，被动状态，slave 设备使用此函数。

8.2 磁阻计数据读取

磁阻计 HMC5883L 是用于测量地球表面的三轴磁场传感器。该装置采用 NED 坐标系，North 为 X 轴正向，East 为 Y 轴正向，下为 Z 轴正向。地球有磁场，根据传感器测量的三个轴磁场，可用于模型飞机导航、电子指北针等，测量范围：–8~+8 高斯，供电电源 3~5V，为霍尼韦尔公司生产。

芯片本身有 16 引脚，但本实验采用 telesky 公司的 HMC5883L 模块 GY-273，用于与 Mega2560 开发板通信，模块上已经将芯片的外围电路布置好，接口共 5 个引脚，分别是 VCC、GND、SCL、SDA、DRDY，引脚 VCC 是供电 3~5V，GND 接地，SCL 时钟，SDA 数据传输，DRDY 是芯片工作状态。

控制该装置可以通过 I²C 总线来实现，该装置包含一个 7-bit 串行地址，为 0x1E，并支持 I²C 协议。默认 HMC5883L 的 7 位从机地址为 0x3C 的写入操作，或 0x3D 的读出操作。

HMC5883L 的模式寄存器地址为 0x02，该寄存器用来设定装置的操作模式，有连续测量模式 (0x00)、单一测量模式 (0x01) 和闲置模式 (0x10、0x11) 共三种模式。数据输出寄存器地址为 0x03。

图8-2　telesky公司的HMC5883L模块与Mega2560开发板的接线

Arduino Mega2560 开发板的 I²C 总线接口是 20 接口对应 SDA 引脚，21 接口对应 SCL 引脚，分别与 HMC5883L 模块的 SDA、SCL 引脚相连，Mega2560 开发板的引脚 8 与 DRDY 引脚连接，用于判断磁阻计的状态。

程序如下：

```
#include <Wire.h>
#define address 0x1E          // 定义 HMC5883L 传感器 T 位 I²C 读取地址，具
                                 体参见传感器手册
void setup(){
  // 初始化串口和 I²C 总线
  Serial.begin(9600);          // 初始化串口
  Wire.begin();                // 初始化 I²C 总线
                               // 设置 HMC5883L 运行模式
  Wire.beginTransmission(address);  // 开始通信
  Wire.write(0x02);            //HMC5883L 模式选择寄存器地址为 0x02
  Wire.write(0x00);            // 设定连续测量模式
  Wire.endTransmission();
}
void loop(){
  int x,y,z;                   //3 个坐标轴
  // 告诉 HMC5883L 从哪里开始读取数据
  Wire.beginTransmission(address);  // 向 I²C 总线上指定地址的 slave 设备
                                      并开始传递数据
  Wire.write(0x03);            // 选择 X MSB 寄存器
  Wire.endTransmission();
                               // 从 3 个坐标轴上读取数据，每个坐标轴 2 个寄
                                 存器
  Wire.requestFrom(address,6);      // 请求 6 个字节数据
  if(6<=Wire.available()){     // 判断 available() 函数用于判断请求的数据
                                 是否满足 6 个字节

    x = Wire.read()<<8;        //X msb  X 轴磁高 8 位数据，左移 8 位
    x |= Wire.read();          //X lsb  X 轴磁低 8 位数据，与 X 数据进行或操
                                 作，替代低 8 位
    z = Wire.read()<<8;        //Z msb  Z 轴磁高 8 位数据，左移 8 位
    z |= Wire.read();          //Z lsb  Z 轴磁低 8 位数据，与 Z 数据进行或操
                                 作，替代低 8 位
    y = Wire.read()<<8;        //Y msb  Y 轴磁高 8 位数据，左移 8 位
    y |= Wire.read();          //Y lsb  Y 轴磁低 8 位数据，与 Y 数据进行或操
                                 作，替代低 8 位
  }
                               // 显示出每个坐标对应的数值
  Serial.print("x : ");
  Serial.print(x);
```

```
Serial.print("y:");
Serial.print(y);
Serial.print("z:");
Serial.println(z);
delay(250);
}
```

上面的程序，串口监视画面如图 8-3 所示：

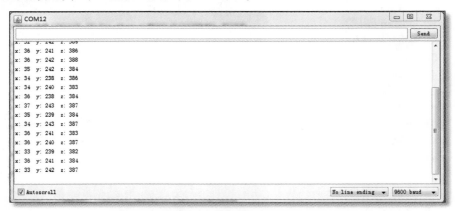

图8-3 磁阻传感器测量数据串口监视画面

尽管上面实现了磁阻计的 I²C 总线通信，也读出了数据，但程序看起来不好用，而且不易懂。下面使用面向对象方法来设计这个程序。

```
#include <Wire.h>
                                  // 类定义
class magnetic
{
  private :
        int address;          //0x1E;0011110b，HMC5883L 的 I²C7 位地址;
                                私有成员变量
  public :
        magnetic(){x=0;y=0;z=0; address=0x1E;};
                                  // 构造函数，成员变量初始化
        void initmagnetic();   // 初始化方法，用于 setup() 函数中
        int x,y,z;             // 公共成员变量，用于获取这些变量
        void updatemagdata();  // 更新测量的数据，只要想要数据，就调用此方法
};
void magnetic : : initmagnetic() // 类 magnetic 的初始化方法实现，这里的函
                                数与上面一致
{
  Wire.begin();
                                  // 设置 HMC5883L 运行模式
```

```
  Wire.beginTransmission(address);  // 开始通信
  Wire.write(0x02);                 // 选择模式寄存器
  Wire.write(0x00);                 // 设定连续测量模式
  Wire.endTransmission();
}
void magnetic::updatemagdata()      // 类成员函数, 用于 loop() 中获取新
                                    // 测量数据
{
                                    // 告诉 HMC5883L 从哪里开始读取数据
  Wire.beginTransmission(address);
  Wire.write(0x03);                 // 选择 X MSB 寄存器
  Wire.endTransmission();
                                    // 从 3 个坐标轴上读取数据, 每个坐标轴 2 个寄
                                    // 存器
  Wire.requestFrom(address,6);
  if(6<=Wire.available()){
    x = Wire.read()<<8;    //X msb
    x |= Wire.read();      //X lsb
    z = Wire.read()<<8;    //Z msb
    z |= Wire.read();      //Z lsb
    y = Wire.read()<<8;    //Y msb
    y |= Wire.read();      //Y lsb
  }
}
magnetic mag;                       // 用类 magnetic 来定义对象变量  mag, 程序中
                                    // 使用, 构造函数初始化变量完成

void setup(){

  Serial.begin(9600);              // 初始化串口
  mag.initmagnetic();              // 调用类中定义的 initmagnetic() 函数完成对
                                   // 象初始化和 I²C 总线初始化

}
void loop(){
  int x,y,z;                       //3 个坐标轴
  mag.updatemagdata();             // 对象调用, I²C 总线的数据更新方法, 更新数据
  x=mag.x;                         // 获取对象的公共数据 x
  y=mag.y;                         // 获取对象的公共数据 y
  z=mag.z;                         // 获取对象的公共数据 z
                                   //Print out values of each axis
  Serial.print("oriented-object programming,get x:");
  Serial.print(x);
  Serial.print("oriented-object programming,get y:");
  Serial.print(y);
```

```
Serial.print("oriented-object programming,get z:");
Serial.println(z);
delay(250);
}
```

上面程序串口监视画面如图 8-4 所示。

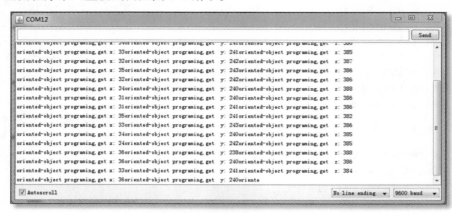

图8-4 面向对象方法测量数据

尽管上面的程序完成了面向对象的程序设计，但也有明显的缺陷，就是类的成员变量一般修饰为私有变量，而成员函数修饰为公共函数，把上面的程序做修改后，如下：

```
#include <Wire.h>
                                // 类定义
class magnetic
{
  private :
      int address;              //0x1E; 0011110b，HMC5883 的 I²C7 位地址；
                                私有成员变量
       int x,y,z;               // 私有成员变量，*modeify*
  public :
      magnetic(){x=0;y=0;z=0; address=0x1E;};
                                // 构造函数，成员变量初始化
      void initmagnetic();      // 初始化方法，用于 setup() 函数中
      void updatemagdata();     // 更新测量的数据，只要想要数据，就调用此方法
      int getx();               // 公共函数，用于获取 x 值，*modeify*
      int gety();               // 公共函数，用于获取 y 值，*modeify*
      int getz();               // 公共函数，用于获取 z 值，*modeify*
};
int magnetic : : getx()         // 用于获取 x 值函数实现
{
   return x;
}
```

```
int magnetic::gety()              // 用于获取 y 值函数实现
{
    return y;
}
int magnetic::getz()              // 用于获取 z 值函数实现
{
    return z;
}
void magnetic::initmagnetic()
                                  // 类 magnetic 的初始化方法实现，这里的函数
                                  //   与上面一致
{
  Wire.begin();                   // 将 HMC5883L 设置为正确的操作模式
  Wire.beginTransmission(address);  // 开始通信
  Wire.write(0x02);               // 选择模式寄存器
  Wire.write(0x00);               // 设定连续测量模式
  Wire.endTransmission();
}
void magnetic::updatemagdata()
                                  // 类成员函数，用于 loop() 中获取新测量数据
{
                                  // 告诉 HMC5883L 从哪里开始读取数据
  Wire.beginTransmission(address);
  Wire.write(0x03);               // 选择 X MSB 寄存器
  Wire.endTransmission();         // 从 3 个坐标轴上读取数据，每个坐标轴 2 个寄存器
  Wire.requestFrom(address, 6);
  if(6<=Wire.available()){
    x = Wire.read()<<8;           //X msb
    x |= Wire.read();             //X lsb
    z = Wire.read()<<8;           //Z msb
    z |= Wire.read();             //Z lsb
    y = Wire.read()<<8;           //Y msb
    y |= Wire.read();             //Y lsb
  }
}
magnetic mag;                     // 用类 magnetic 来定义对象变量 mag，程序中
                                  //   使用，构造函数
                                  // 初始化变量完成
void setup(){

  Serial.begin(9600);             // 初始化串口
  mag.initmagnetic();             // 调用类中定义的 initmagnetic() 函数完成对
                                  //   象初始化和 I²C 总线初始化
}
```

```
void loop(){
  int x,y,z;                           //3 个坐标轴
  mag.updatemagdata();                 // 对象调用，I²C 总线的数据更新方法，更新数据
  x=mag.getx();                        // 获取对象的公共数据 x，*modify*
  y=mag.gety();                        // 获取对象的公共数据 y，*modify*
  z=mag.getz();                        // 获取对象的公共数据 z，*modify*
                                       // 显示出每个坐标对应的数值
  Serial.print("oriented-object programming,get x:");
  Serial.print(x);
  Serial.print("oriented-object programming,get  y:");
  Serial.print(y);
  Serial.print("oriented-object programming,get  z:");
  Serial.println(z);
  delay(250);
}
```

上面的程序串口输出监视画面与图 8-4 一致，但面向对象的程序设计已经比较专业化了。

8.3　三轴加速度和角加速度读取

MPU-6050 芯片用于测量运动姿态，用于测量三轴加速度和三轴角速度，测量的数据经过补偿滤波或卡尔曼滤波可以计算得到飞行姿态角。

供电电压：3~5V，输出方式为 I²C 通信，内置 16 位 A-D 转换器，16 位数据输出，加速度测量范围在 2g、4g、8g、16g 范围，角速度测量范围在 250°/s、500°/s、1000°/s、2000°/s。

特点：400kHz 快速模式 I²C 通信，可程序控制中断，用于支援姿势识别等，数字输出温度传感器，内建时间和磁场校正，内建运动处理减少数据计算，可程序设置测量范围等。

为实验方便，我们使用 telesky 的 GY-521 模块，该模块集成了 MPU 6050 传感器，其基本电路图如下图 8-5 所示。

GY-521 模块有 8 个引脚，分别为：VCC：3.3-5V 电源，GND ：接地，SCL：I²C 总线时钟线，SDA：I²C 总线数据线，XCL：I²Cmaster 时钟，XDA：I²Cmaster 数据线，ADO：I²C 总线地址，INT：连接外部中断。

角速度测量特点：角速度测量可编程设置测量范围，有同步信号引脚，集成 16 位 ADC，有温度与偏差补偿，有数字低通滤波器，工作电流 3.6mA，出厂校准等。

加速度测量特点：数字输出 3 轴加速度，可编程设置测量范围，集成 16 位 ADC，工作电流 500μA，低通加速度模式，节奏步伐探测，自由落体中断，用户编程中断，过高加速度中断，静止中断等。

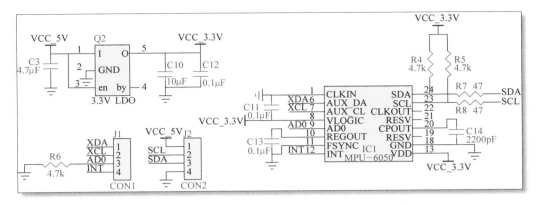

图8-5 GY-521模块集成了MPU-6050姿态测量传感器

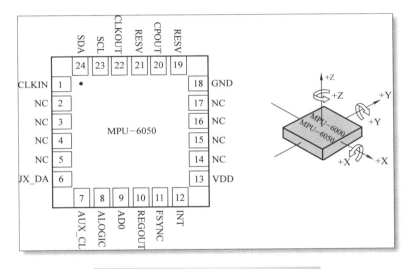

图8-6 MPU-6050引脚定义和测量坐标系

运动处理特点：内部 DMP 支持 3D 运动处理，姿态识别，输出数据同步采样，输出数据包括 3 轴加速度、3 轴角速度和温度数据。

MPU-6050 作为 I²C 总线上的 slave 设备与单片机通信，SDA、SCL 引脚需要上拉电阻连接 VCC，最大总线速度 400kHz。作为 slave 设备的 7 位地址是 b110100X，7 位地址的最低位 X 由逻辑引脚 AD0 确定，就是允许 I²C 总线上连接 2 个 MPU60X0slave 设备，AD0 引脚为高电平时，地址为 b1101001，低电平时为 b1101000。其通信协议和内部寄存器影射表都有点复杂。

如果看 MPU-6050 的 datasheet 不容易读懂，这个传感器很复杂，有太多的寄存器用于传感器的设置。

（1）数据存储地址 0x59，数据存储顺序：x、y、z 加速度，温度，x、y、z 轴角速度，共 14 个字节，MPU-6050 的地址是 0x68 或 0x69，后者要看 ADO 引脚信号。

（2）重置寄存器地址 107，赋值为 0b10000000，停留 100ms，后再赋值 0b00000000，传感器重置。

（3）设置数字低通滤波器寄存器 26，设置 0~6，分别代表不同的低通滤波频带，6~5Hz，5~10Hz，4~21Hz，3~44Hz，2~94Hz，1~184Hz，0~inf。

（4）测量量程寄存器，角速度寄存器 27，加速度寄存器 28，其中角速度范围值：0~250° /s，1~500° /s，2~1000° /s，3~2000° /s，4~raw value° /s，加速度范围值：0~2g，1~4g，2~8g，3~16g，any，raw value g。

（5）测量数据的偏差补偿，由于测量的参数具有方向性，即正负浮点数，偏差补偿就是给定 0 点数据，例如：地球的 z 轴校准为 $9.81m/s^2$(1g)，这就需要进行偏差补偿。

下面的图 8-7 为测试 MPU-6050 模块的实验电路。

图8-7　测试MPU-6050模块的实验电路

下面为采用面向对象方法的测试程序：

```
#include <Wire.h>
class MPU6050                    /*类设计，将与 MPU-6050 的 I²C 通信全部
                                   封装在 MPU-6050 的类中，常用的方法为
                                   void InitMPU(int BW, int gyro, int
                                   accel);void ReadData();MPU6050(int
                                   AD0); 构造函数*/
{
  private :
      int address;
      int test_x,test_y,test_z,test_A;
      int sample_div;            //DLPF 启用，采样频率 = 1/(1 + Sample
                                   rate divider)[kHz]；DLPF 失效，采样频
                                   率 =8/(1+ Sample rate divider)[kHz]
      int sensor_config;
      int gyro_config;
      int accel_config;
      int data_start;            // 数据存储
      int PWR1;                  // 重置传感器
      int PWR2;                  // 重置传感器
      float g;
      void ResetWake();
      void SetGains(int gyro,int accel);
      void OffsetCal();
      void SetDLPF(int BW);
  public :
      int temp,accel_x,accel_y,accel_z,gyro_x,gyro_y,gyro_z;
                                 // 原始数值变量
      int accel_x_OC,accel_y_OC,accel_z_OC,gyro_x_OC,gyro_y_OC,
      gyro_z_OC;                 // 补偿变量
      float temp_scalled,accel_x_scalled,accel_y_scalled,accel_z_
      scalled,gyro_x_scalled,gyro_y_scalled,gyro_z_scalled;
                                 // 定义缩放和补偿后的数据变量
      int accel_scale_fact,gyro_scale_fact;
      MPU6050(int AD0);
      void InitMPU(int BW,int gyro,int accel);
      void ReadData();
};
                                 // 构造函数，类初始化
MPU6050 : : MPU6050(int AD0)
{
    if (AD0==0)
        address=0x68;
```

```
        else
            address=0x69;
        test_x=13 ;
        test_y=14 ;
        test_z=15 ;
        test_A=16 ;
        sample_div=25;
        sensor_config=26 ;
        gyro_config=27 ;
        accel_config=28 ;
        data_start=59;            // 寄存器开始存储数据
        PWR1=107;
        PWR2=108;
        g=9.81;
        temp=0; accel_x=0; accel_y=0; accel_z=0; gyro_x=0; gyro_y=0;
        gyro_z=0; // 初始化原始数据
        accel_x_OC=0; accel_y_OC=0; accel_z_OC=0; gyro_x_OC=0;
        gyro_y_OC=0; gyro_z_OC=0; // 初始化补偿变量
        temp_scalled=0;accel_x_scalled=0;accel_y_scalled=0;accel_
        z_scalled=0;gyro_x_scalled=0;
    gyro_y_scalled=0;
    gyro_z_scalled;                    // 初始化变量
        accel_scale_fact = 1; gyro_scale_fact = 1;
    };
                                    // 读取传感器数据，最为主要的方法
void MPU6050::ReadData(){
    Wire.beginTransmission(address);
    Wire.write(data_start);
    Wire.endTransmission();
    int read_bytes = 14;
    Wire.requestFrom(address,read_bytes);
    if(Wire.available() == read_bytes){
        accel_x = Wire.read()<<8 | Wire.read();
        accel_y = Wire.read()<<8 | Wire.read();
        accel_z = Wire.read()<<8 | Wire.read();
        temp = Wire.read()<<8 | Wire.read();
        gyro_x = Wire.read()<<8 | Wire.read();
        gyro_y = Wire.read()<<8 | Wire.read();
        gyro_z = Wire.read()<<8 | Wire.read();
    }
    accel_x_scalled = (float)(accel_x-accel_x_OC)*accel_scale_fact/1000;
    accel_y_scalled = (float)(accel_y-accel_y_OC)*accel_scale_fact/1000;
    accel_z_scalled = (float)(accel_z-accel_z_OC)*accel_scale_fact/1000;
```

```
  gyro_x_scalled = (float)(gyro_x-gyro_x_OC)*gyro_scale_fact/1000;
  gyro_y_scalled = (float)(gyro_y-gyro_y_OC)*gyro_scale_fact/1000;
  gyro_z_scalled = ((float)(gyro_z-gyro_z_OC)*gyro_scale_fact/1000);
  temp_scalled = (float)temp/340+36.53;
}
                                        // 传感器重置
void MPU6050：：ResetWake(){
  Wire.beginTransmission(address);
  Wire.write(PWR1);
  Wire.write(0b10000000);
  Wire.endTransmission();
  delay(100);                           // 等待重置完成
  Wire.beginTransmission(address);
  Wire.write(PWR1);
  Wire.write(0b00000000);
  Wire.endTransmission();
};
void MPU6050：：SetDLPF(int BW) // 设置低通滤波器，修饰 private 类的私有方法
  {
    if (BW < 0 || BW > 6){
      BW = 0;
    }
  Wire.beginTransmission(address);
  Wire.write(sensor_config);// 配置寄存器的地址
  Wire.write(BW);
  Wire.endTransmission();
  };
                                        // 量程设置，修饰 private 类的私有方法
void MPU6050：：SetGains(int gyro,int accel)
  {
    byte gyro_byte,accel_byte;
                                        // 配置陀螺仪
    Wire.beginTransmission(address);
    Wire.write(gyro_config);// 配置寄存器的地址
    if (gyro==0)
    {
      gyro_scale_fact =(float)250*0.0305;
                             // 当 gyro==0 为真，角速度测量范围选用 ±250⁰/s，
                             // 数据为 16 位，0.0305=1000/32767，则有
                             // gyro_scale_fact=(float)250*0.0305 单位
                             // 为 milli degree/s
      gyro_byte = 0b00000000;
    }else if (gyro == 1)
```

```
  {
    gyro_scale_fact = 500*0.0305;
```
// 当gyro==1为真，角速度测量范围选用±500^0/s，数据为16位，0.0305=1000/32767，则有 gyro_scale_fact=(float)500*0.0305 单位为milli degree/s

```
    gyro_byte = 0b00001000;
  }else if (gyro == 2)
  {
    gyro_scale_fact = 1000*0.0305;
```
// 当gyro==2为真，角速度测量范围选用±1000^0/s，数据为16位，0.0305=1000/32767，则有 gyro_scale_fact=(float)1000*0.0305 单位为milli degree/s

```
    gyro_byte = 0b00010000;
  }else if (gyro == 3)
  {
    gyro_scale_fact = 2000*0.0305;
```
// 当gyro==3为真，角速度测量范围选用±2000^0/s，数据为16位，0.0305=1000/32767，则有 gyro_scale_fact=(float)2000*0.0305 单位为milli degree/s

```
    gyro_byte = 0b00011000;
  }else
  {
    gyro_scale_fact = 1;
  }
Wire.write(gyro_byte);
Wire.endTransmission();
```
// 配置加速度计
```
Wire.beginTransmission(address);
Wire.write(accel_config); // 配置寄存器的地址
if (accel==0)
{
  accel_scale_fact =(float)2*g*0.0305;
```
// 当accel==0为真，加速度计测量范围选用2g，数据为16位，0.0305=1000/32767，则有 accel_scale_fact=(float)2*g*0.0305 单位为mm/s^2

```
  accel_byte = 0b00000000;
}else if (accel == 1)
{
  accel_scale_fact = 4*g*0.0305;
```
// 当accel==1为真，加速度计测量范围选用4g，数

据为 16 位，0.0305=1000/32767，则有 accel_
scale_fact=(float)4*g*0.0305 单位为 mm/s²

```
    accel_byte = 0b00001000;
  }else if (accel == 2)
  {
    accel_scale_fact = 8*g*0.0305;
```
　　　　　　　　　　　　　　// 当 accel==2 为真，加速度计测量范围选用 8g，数
　　　　　　　　　　　　　　据为 16 位，0.0305=1000/32767，则有 accel_
　　　　　　　　　　　　　　scale_fact=(float)8*g*0.0305 单位为 mm/s²
```
    accel_byte = 0b00010000;
  }else if (accel == 3)
  {
    accel_scale_fact = 16*g*0.0305;
```
　　　　　　　　　　　　　　// 当 accel==3 为真，加速度计测量范围选用 16g，
　　　　　　　　　　　　　　数据为 16 位，0.0305=1000/32767，则有 accel_
　　　　　　　　　　　　　　scale_fact=(float)16*g*0.0305 单位为 mm/s²
```
    accel_byte = 0b00011000;
  }else
  {
    accel_scale_fact = 1;
  }
  Wire.write(accel_byte);
  Wire.endTransmission();
};
```
　　　　　　　　　　　　　　// 偏差补偿方法，修饰 private 类的私有方法
```
void MPU6050::OffsetCal(){
  int x=0,y=0,z=0,i;
  ReadData();
  ReadData();
```
　　　　　　　　　　　　　　// 陀螺仪偏差估算
```
  x=gyro_x;
  y=gyro_y;
  z=gyro_z;
  for (i=1;i<=1000;i++){
    ReadData();
    x=(x+gyro_x)/2;
    y=(y+gyro_y)/2;
    z=(z+gyro_z)/2;
  }
  gyro_x_OC=x;
  gyro_y_OC=y;
  gyro_z_OC=z;
  x=accel_x;
```

```
    y=accel_y;
    z=accel_z;
    for (i=1;i<=1000;i++){
      ReadData();
      x=(x+accel_x)/2;
      y=(y+accel_y)/2;
      z=(z+accel_z)/2;
    }
    accel_x_OC=x;
    accel_y_OC=y;
    accel_z_OC=z-(float)g*1000;
};
void MPU6050::InitMPU(int BW,int gyro,int accel)   // 初始化工作
{
    ResetWake();
    SetGains(gyro,accel);          // 设置最小刻度
    SetDLPF(0);                    // 将 DLPF 设置为无穷的频带宽度作为标准
    OffsetCal();
    SetDLPF(BW);                   // 将 DLPF 设置为最低的频带宽度
};
MPU6050  mpu(0);                   // 使用 MPU-6050 类声明对象变量 mpu
void setup() {
                                   // 将启动程序放此处，运行一次
    Serial.begin(9600);
    Wire.begin();                  //I²C 总线首先要声明 Master 设备
    mpu.InitMPU(6,0,1);            // 传感器初始化，包括重置、测量量程、偏差补
                                   //    偿、设置数字滤波器等
}
void loop() {
                                   // 将主程序放此处，重复运行
    mpu.ReadData();                // 传感器读取数据并处理计算
    Serial.println(mpu.accel_x_scalled);
    Serial.println(mpu.accel_y_scalled);
    Serial.println(mpu.accel_z_scalled);
    Serial.println(mpu.gyro_x_scalled);
    Serial.println(mpu.gyro_y_scalled);
    Serial.println(mpu.gyro_z_scalled);
    Serial.println(mpu.temp_scalled);
    delay(1000);
}
```

下图 8-8 为串口监视 3 轴加速度、3 轴角加速和环境温度的画面。

使用这个封装的 MPU-6050 类来声明对象，使用 MPU-6050(int AD0) 构造函数，参数 AD0 为 0 时 AD0 引脚为低电平，参数 AD0 为其他时 AD0 引脚则为高电平。

在 setup() 函数中进行初始化，调用方法 InitMPU(int BW,int gyro,int accel)，给定数字低通滤波器的参数、角速度测量范围、加速度测量范围。

图8-8　串口监视3轴加速度、3轴角加速和环境温度的画面

在 Loop() 函数中调用 void ReadData() ；用于更新测量的传感器值，通过公共变量 accel_x_scalled，accel_y_scalled，accel_z_scalled，gyro_x_scalled，gyro_y_scalled，gyro_z_scalled，temp_scalled 获取测量的 3 轴加速度、3 轴角速度和环境温度。

第9章

SPI 通信

Serial Peripheral Interface(SPI) 是一种同步串口数据通信协议，用于微处理器单片机与 1 个或多个外围设备快速的短距离通信，也可以在 2 个微处理器之间通信。

SPI 通信接口，目前已经成为单片机行业的标准接口。很多复杂的传感器或者芯片都采用 SPI 接口，满足短距离快速通信的需求。

9.1　SPI 通信与电路

SPI 通信连接采用 Master-Slave 结构，一方是主动通信方 Master ；另一方是被动通信方 Slave，一般是作为 Master 的单片机控制外围设备 Slave。

典型电路有 4 线连接 SPI 电路：

MISO-Master In Slave Out-Slave 线，用于 Slave 设备发送数据到 Master 单片机；

MOSI-Master Out Slave In-Master 线，用于 Master 单片机发送数据到外围 Slave 设备；

SCK—Serial Clock 时钟脉搏，用于同步 Master 单片机产生的数据；

SS—Slave Select 是每个设备上都有的引脚，Master 用于使能制定 Slave 设备，当外围 Slave 设备的 SS 引脚处于低电平时，它与 Master 单片机通信。当 SS 引脚处于高电平时，被 Master 忽略。这样就允许 Master 与多个具有 SPI 接口的外围 Slave 设备通信，并共享 MISO、MOSI、SCK 通信线。需要注意的是 Arduino 提供的 SPI 库目前只支持 Master 单片机模式，故必须将 SS 引脚设置为输出模式，否则 SPI 接口将自动设置为 Slave 模式，这样就与 SPI 库产生冲突。当然，我们可以使用任何单片机的引脚来控制外围设备的 SS 引脚。SPI 总线连接多设备如图 9-1 所示。

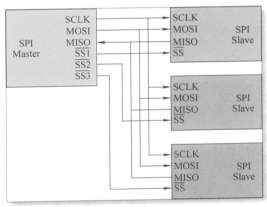

图9-1　SPI总线连接多设备

当写新的 SPI 设备的 SPI 通信程序时，应该注意下面几个问题：

（1）数据传递的低位 LSB 和高位 MSB 的传递顺序，使用 SPI.setBitOrder() 函数设置；

（2）数据传递的 SCK 启动是上升沿还是下降沿，使用 SPI.setDataMode() 函数设置；

（3）SPI 运行的频率，由 SPI.setClockDivider() 函数设定。

SPI 标准是松散的，每个厂家提供的设备都有些许不同，这就意味着在编写程序时，需要多注意外围设备 datasheet 的说明。当设定好了 SPI 参数，就需要知道哪些寄存器完成什么功能，去访问什么寄存器，这些数据都在设备的 datasheet 中。

Arduino Mega2560 开发板上 50、51、52、53 引脚分别对应 MISO、MOSI、SCK、SS 引脚，并与 ICSP 写程序的引脚共享。

9.2　SPI 通信函数

SPI.begin() 函数，初始化 SPI 总线设备，通过设置 SCK、MOSI 和 SS 引脚，拉低 SCK 和 MOSI 引脚。对于 Arduino 家族的 32 位 Arm CPU 的 Arduino Due 开发板有些许不同，SPI.begin(SlaveSelectPin) 函数可以指定 SS 引脚初始化总线设备，这个引脚直接交由 SPI 函数管理，但是指定了 SS 引脚后，引脚将不能作其他用途，除非调用 SPI.end() 函数，结束总线管理。

SPI.end() 函数，用于使能 SPI 总线，对于 Arduino Due 开发板，可以使用 SPI.end(SlaveSelectPin) 函数，指定断开 SPI 接口引脚。

SPI.setBitOrder(order)，设置传递数据的有效字节顺序，如果是 LSBFIRST，是低字节优先，如果是 MSBFIRST，则是高字节优先。

SPI.setClockDivider()，用于设置 SPI 时钟相对于系统时钟的分频，AVR 单片机，divider 可以是 2、4、8、16、32、64、128。缺省值是 SPI_CLOCK_DIV4，用于设置 SPI 时钟是 1/4 系统时钟，例如对于 16MHz 的 Mega2560 开发板，SPZ 时钟频率是 4MHz。对于 Arduino Due 开发板，divider 可能是 1~255，缺省值是 21，它用于设定 4MHz 的 SPI 时钟。

SPI.setDataMode(mode)，用于设置 SPI 数据模式，共 4 个常数：SPI_MODE0、SPI_MODE1、SPI_MODE2、SPI_MODE3，用于设置 CPOL 和 CPHA，其中，CPOL 代表时钟是低电平或高电平；CPHA 代表数据捕获在上升沿还是在下降沿。SPI 通信的时序图如图 9-2 所示。

表 9-1 代表 SPI 模式选择。

表 9-1　SPI 模式选择

SPI	CPOL	CPHA
0	0	1
1	0	0
2	1	0
3	1	1

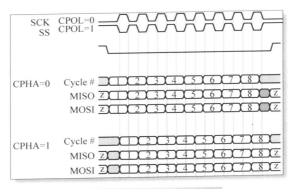

图9-2　SPI通信的时序图

SPI.transfer(val)，用于数据传递，通过 SPI 总线传递一个字节，包括发送和接收，返回函数值。

9.3　气压高度计数据读取

Telesky 公司的 GY-63 模块使用 MS5611-01BA03 高准确度高速传感器，用来测量大气压力和温度，内置 24 位 A-D 转换芯片，3~5V 供电，标准 I²C 或 SPI 总线通信，频率可达 20MHz，10cm 的高准确度，测量范围达 10~1200mbar，−40 ~ +85℃环境温度。

MS5611-01BA 是压阻传感器及接口组成的集成电路，测得原始气压值并转换为 24 位的数字值输出，同时也输出 24 位的温度。在出厂校验时，有 6 个系数用于补偿过程和温度变化引起的误差，并存储在 PROM 中，这些值可用软件读取并通过程序将 D1 和 D2 值转换成大气压和温度。

MS5611-01BA 已经内建了 2 种类型的串行通信协议，SPI 和 I²C。当拉低 PS 引脚，选择 SPI 总线协议，拉高 PS 选择 I²C 协议。SPI 模式，外部时钟 SCLK，SDA 数据发送 (MOSI)，SPI 模式只能选择 0 或 3，传感器响应输出 SDO(MISO)，当执行指令完毕后可拉高 CSB 引脚。Mega2560 开发板 SPI 接口为 50(MISO)、51（ MOSI ）、52（ SCK ）、53（ SS ）。故接线图如图 9-3 所示。

MS5611-01BA 芯片的 datasheet 中给定的功能寄存器地址如下：

压力 D1 地址是 0x40(OSR=256)，0x48(OSR=4096) ；

温度 D2 读取地址是 0x50(OSR=256)，0x58(OSR=4096) (注 : I²C 地址是 0x76) ；

ADC 读地址 0x00 ；PROM 读地址 0xA0~0xAE ；

Reset 指令 0x1E。

下面设计了 BaroMS5611 类，实现大气压力和温度的 SPI 总线读取。这个程序相对复杂些，主要是读取大气数据并修正复杂些。

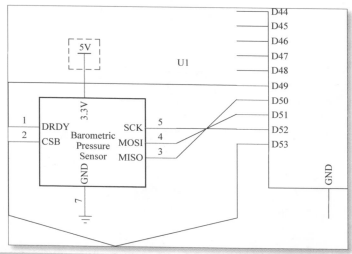

图9-3 SPI接口大气压力传感器与Mega2560开发板的接线示意图（D49用于判断芯片状态）

```
#include <SPI.h>
#define MS5611_CS 53                        //CS 片选信号线，连接在 Arduino
                                              Mega2560 开发板的 53 引脚上
#define CMD_MS5611_RESET 0x1E               //MS5611-01BA 芯片的 datasheet 说
                                              明给定的功能寄存器地址
#define CMD_MS5611_PROM_C1 0xA2             // 芯片出厂时给定的修正参数，共6个，
                                              C1~C6
#define CMD_MS5611_PROM_C2 0xA4
#define CMD_MS5611_PROM_C3 0xA6
#define CMD_MS5611_PROM_C4 0xA8
#define CMD_MS5611_PROM_C5 0xAA
#define CMD_MS5611_PROM_C6 0xAC
#define CMD_CONVERT_D1_OSR4096 0x48 // 大气压力采样最大分辨率，24 位 A-D
                                       转换
#define CMD_CONVERT_D2_OSR4096 0x58 // 芯片温度采样最大分辨率，24 位 A-D
                                       转换，用于补偿

class BaroMS5611                            // 声明类开始
{
public:
    BaroMS5611() {
    }                                        // Constructor 构造函数
    bool init();                            // 初始化函数，首先调用的方法
    uint8_t readData();                     // 读取测量的数据
    float get_pressure();                   // 获取大气压力，单位 mbar
    float get_temperature();                // 获取芯片温度，单位 celsius degrees
    void calculate();                       // 进行大气压力和芯片温度修正
```

```
private：
    static uint16_t_spi_read_16bits(uint8_t reg); // 读 16 位数据
    static uint32_t spi_read_adc();  // 读 24 位数据
    static void_spi_write(uint8_t reg);  // 发送指令 SPI 总线
    float Temp;                        // 温度
    float Press;                       // 压力
    uint16_t C1, C2, C3, C4, C5, C6;   // 修正系数 PROM 中出厂设置
    float D1, D2;                      // 读取原始数据
    int tnow, _timer, state;           // 由于 24 位 A-D 转换和传感器测量，大
                                       //   气压力的数据和温度不能同时读取，
                                       //   设定时间变量和读取状态变量
};
                                       // 读取 16 位数据，SPI 总线
uint16_t BaroMS5611 : : _spi_read_16bits(uint8_t reg)
{
    uint8_t byteH, byteL;
    uint16_t return_value;
    uint8_t addr = reg;                // 读取地址
    digitalWrite(MS5611_CS, LOW);      // 拉低 CS 引脚，使能 SPI 通信
    SPI.transfer(addr);                // 读取起始地址 addr 的寄存器数据
    byteH = SPI.transfer(0);           // 高位数据，8 位
    byteL = SPI.transfer(0);           // 低位数据，8 位
    digitalWrite(MS5611_CS, HIGH);     // 拉高 CS 引脚，取消 SPI 通信
    return_value = ((uint16_t)byteH<<8)|(byteL);
                                       // 高位数据合并低位数据，16 位数据
    return return_value;               // 返回 16 位数据
}
                                       // 读取 24 位数据，SPI 总线，24 位数
                                       //   据，H、M、L 共 3 个 8 位数据
uint32_t BaroMS5611 : : _spi_read_adc()
{
    uint8_t byteH, byteM, byteL;
    uint32_t return_value;
    uint8_t addr = 0x00;
    digitalWrite(MS5611_CS, LOW);
    SPI.transfer(addr);                // 地址 0x00 是数据存储起始地址
    byteH = SPI.transfer(0);           // 高位数据，8 位
    byteM = SPI.transfer(0);           // 中位数据，8 位
    byteL = SPI.transfer(0);           // 低位数据，8 位
    digitalWrite(MS5611_CS, HIGH);
    return_value = (((uint32_t)byteH)<<16) | (((uint32_t)
    byteM)<<8) | (byteL);             // 合并
    return return_value;               // 返回 24 位数据
}
```

```
                                        // 发送指令，SPI 总线设备
void BaroMS5611：：_spi_write(uint8_t reg)  // 给定地址
{
    digitalWrite(MS5611_CS，LOW);
    SPI.transfer(reg);                  // 发送指令
    digitalWrite(MS5611_CS，HIGH);
}
                                        //SPI 总线初始化
bool BaroMS5611：：init()
{
    _spi_write(CMD_MS5611_RESET);       // 重置 SPI 设备
    delay(4);                           // 延迟 4ms
                                        // 读取出厂校验数据 C1~C6
    C1 = _spi_read_16bits(CMD_MS5611_PROM_C1);
    C2 = _spi_read_16bits(CMD_MS5611_PROM_C2);
    C3 = _spi_read_16bits(CMD_MS5611_PROM_C3);
    C4 = _spi_read_16bits(CMD_MS5611_PROM_C4);
    C5 = _spi_read_16bits(CMD_MS5611_PROM_C5);
    C6 = _spi_read_16bits(CMD_MS5611_PROM_C6);
    _spi_write(CMD_CONVERT_D2_OSR4096);
                                        // 首先 A-D 转换温度值，为读取做好
                                           准备
    Temp=0;
    Press=0;
    _timer=millis();                    // 初始化 _timer 变量
    tnow=millis();                      // 初始化 tnow 变量
    state=0;                            // 读取压力和温度的状态，0 对应温度，
                                           1 对应压力，说明先读取温度，准备
                                           ok

    return true;
}
                                        // 读取 24 位数据
uint8_t BaroMS5611：：readData()
{
    tnow= millis();                     // 下面是判断是否经过了 9.5s，如果
                                           是，那么执行数据读取

    if (tnow - _timer < 9500) {
        return 0;                       // 返回，没到 9.5s
    }
    _timer = tnow;                      // 启动，重置 _timer 变量
                                        // 如果是 state==0 说明读取温度

    if (state == 0) {
     D2 = (float)_spi_read_adc();
```

```
    _spi_write(CMD_CONVERT_D1_OSR4096);  // 为读取大气压力做准备
    state=1;                             // 状态转换
}
else
{
    D1 = (float)_spi_read_adc();  // 读取大气压力
    _spi_write(CMD_CONVERT_D2_OSR4096);  // 为读取大气温度做准备
    state=0;                             // 状态转换
}
//Serial.println(D1);                    // 串口显示
//Serial.println(D2);                    // 串口显示
_calculate();                            // 出厂参数的补偿校准计算，得到大气
                                         //   压力和温度

return 1 ;
}
                                         // 出厂参数的补偿校准计算，得到大气
                                         //   压力和温度

void BaroMS5611::_calculate()
{
    float dT;
    float TEMP;
    float OFF;
    float SENS;
    float P;
                                         // 此处的公式参见 MS5611 的 datasheet
    dT = D2-(((uint32_t)C5)<<8);
    TEMP = (dT * C6)/8388608;
    OFF = C2 * 65536.0 + (C4 * dT) / 128;
    SENS = C1 * 32768.0 + (C3 * dT) / 256;
                                         // 此处的公式参见 MS5611 的 datasheet
    if (TEMP < 0) {
                                         // 当温度低于 20℃时二次温度补偿
        float T2 = (dT*dT)/0x80000000;
        float Aux = TEMP*TEMP;
        float OFF2 = 2.5*Aux;
        float SENS2 = 1.25*Aux;
        TEMP = TEMP - T2;
        OFF = OFF - OFF2;
        SENS = SENS - SENS2;
    }
    P = (D1*SENS/2097152 - OFF)/32768;
    Temp = TEMP + 2000;
    Press = P;
```

```
}
                                    // 获取压力，单位 mbar
float BaroMS5611∷get_pressure()
{
    return Press/100;
}
                                    // 获取温度，单位 ℃
float BaroMS5611∷get_temperature()
{
    return Temp/100;
}
BaroMS5611 baro;                    // 对象声明 baro
int pinPS=8;                        // 开发板的 8 引脚连接 MS5611-01BA
                                    //    的 PS 引脚，拉低后选择 SPI 通信方
                                    //    式，拉高选择
void setup()                        //  I²C 通信方式
{
    pinMode(pinPS, OUTPUT);         // 设定输出模式
    digitalWrite(pinPS, LOW);       // 拉低

    Serial.begin(9600);
    SPI.begin();                    //SPI 通信初始化
    SPI.setClockDivider(SPI_CLOCK_DIV32); //500kHz 通信频率
    baro.init();                    // 对象调用 init 方法，初始化
}
void loop()
{
        baro.readData();            // 读取数据
        Serial.print("Pressure:");
        Serial.print(baro.get_pressure());
        Serial.print(" Temperature:");
        Serial.print(baro.get_temperature());
        Serial.println();
        delay(1000);
}
```

SPI 总线读取 MS5611 大气压力和温度的串口输出画面见下图 9-4。

图9-4　SPI总线读取MS5611大气压力和温度的串口输出画面

9.4　三轴加速度和三轴角速度传感器 SPI 通信读取

MPU-6000 芯片是用于测量运动姿态，用于测量三轴加速度和三轴角速度，测量的数据经过补偿滤波或卡尔曼滤波可以计算得到飞行姿态角。

MPU-6000 供电电压为 3~5V，输出方式为 SPI 通信和 I^2C 通信，本例中利用 SPI 通信方式进行数据的测量。MPU-6000 内置 16 位 A-D 转换器，16 位数据输出，加速度测量范围在 2g、4g、8g、16g 范围，角速度测量范围为 ±250、±500、±1000、±2000° /sec（dps）。

特点：快速模式 SPI 通信，可用程序控制中断，用于支援姿势识别等，数字输出温度传感器，内建时间和磁场校正，内建运动处理减少数据计算，可用程序设置测量范围等。

程序如下：

```
#include <SPI.h>
#define MS5611_CS 53
class MPU6000
{
  private:
    int address;
    int test_x, test_y, test_z, test_A;
    int sample_div;                    //DLPF 启用，采样频率 = 1/(1 +
                                          Sample rate divider)[kHz],
```

113

```cpp
                                            //DLPF 失效，采样频率 = 8/(1 +
                                              Sample rate divider)[kHz]
        int sensor_config;
        int gyro_config;
        int accel_config;
        int data_start;                    // 数据存储
        int PWR1;                          // 重置传感器
        int PWR2;                          // 重置传感器
        float g;
        void ResetWake();
        void SetGains(int gyro, int accel);
        void OffsetCal();
        void SetDLPF(int BW);
    public:
        int temp, accel_x, accel_y, accel_z, gyro_x, gyro_y, gyro_z;
                                            // Raw values varaibles
        int accel_x_OC, accel_y_OC, accel_z_OC, gyro_x_OC , gyro_y_OC,
        gyro_z_OC;
                                            // offset variables
        float temp_scalled, accel_x_scalled, accel_y_scalled, accel_
        z_scalled, gyro_x_scalled, gyro_y_scalled, gyro_z_scalled;
                                            //Scalled Data varaibles
        int accel_scale_fact, gyro_scale_fact;
        MPU6000();
        void InitMPU(int BW, int gyro, int accel);
        void ReadData();
};
                                            // 构造函数，类初始化
MPU6000::MPU6000()
{
    test_x=13 ;
    test_y=14 ;
    test_z=15 ;
    test_A=16 ;
    sample_div=25;
    sensor_config=26 ;
    gyro_config=27 ;
    accel_config=28 ;
    data_start=0x59;                       // 储存数据的寄存器地址
    PWR1=107;
    PWR2=108;
    g=9.81;
    temp=0; accel_x=0; accel_y=0; accel_z=0; gyro_x=0; gyro_y=0;
```

```
      gyro_z=0;                              // 原始数据变量
      accel_x_OC=0; accel_y_OC=0; accel_z_OC=0; gyro_x_OC=0;gyro_y_
      OC=0; gyro_z_OC=0;                     // 抵消变量
   temp_scalled=0;accel_x_scalled=0;accel_y_scalled=0;accel_z_
scalled=0;gyro_x_scalled=0;gyro_y_scalled=0;gyro_z_scalled;
                                            //Scalled Data varaibles
      accel_scale_fact = 1; gyro_scale_fact = 1;
   };
                                  // 读取传感器数据，最为主要的方法
void MPU6000：：ReadData(){
   digitalWrite(MS5611_CS, LOW);
   SPI.transfer(data_start);
   accel_x = SPI.transfer(data_start+1)<<8 | SPI.transfer(data_start);
   accel_y = SPI.transfer(data_start+3)<<8 | SPI.transfer(data_start+2);
   accel_z = SPI.transfer(data_start+5)<<8 | SPI.transfer(data_start+4);
   temp = SPI.transfer(data_start+7)<<8 | SPI.transfer(data_start+6);
   gyro_x = SPI.transfer(data_start+9)<<8 | SPI.transfer(data_start+8);
   gyro_y = SPI.transfer(data_start+11)<<8 | SPI.transfer(data_start+10);
   gyro_z = SPI.transfer(data_start+13)<<8 | SPI.transfer(data_start+12);
  accel_x_scalled = (float)(accel_x-accel_x_OC)*accel_scale_fact/1000;
  accel_y_scalled = (float)(accel_y-accel_y_OC)*accel_scale_fact/1000;
  accel_z_scalled = (float)(accel_z-accel_z_OC)*accel_scale_fact/1000;
  gyro_x_scalled = (float)(gyro_x-gyro_x_OC)*gyro_scale_fact/1000;
  gyro_y_scalled = (float)(gyro_y-gyro_y_OC)*gyro_scale_fact/1000;
  gyro_z_scalled = ((float)(gyro_z-gyro_z_OC)*gyro_scale_fact/1000);
  temp_scalled = (float)temp/340+36.53;
  digitalWrite(MS5611_CS, HIGH);
 }
                                  // 传感器重置
void MPU6000：：ResetWake(){
    digitalWrite(MS5611_CS, LOW);
    SPI.transfer(PWR1);
    SPI.transfer(0b10000000);
    delay(100);                   // 延时 100ms，等待重置完成
    SPI.transfer(PWR1);
    SPI.transfer(0b00000000);
    digitalWrite(MS5611_CS, HIGH);
};
void MPU6000：：SetDLPF(int BW)   // 设置低通滤波器   修饰 private 类
                                  //                  的私有方法

   {
     if (BW < 0 || BW > 6){
       BW = 0;
```

```
    }
    digitalWrite(MS5611_CS, LOW);
    SPI.transfer(sensor_config);
    SPI.transfer(BW);
    digitalWrite(MS5611_CS, HIGH);
};
```
// 量程设置，修饰 private 类的私有方法
```
void MPU6000::SetGains(int gyro, int accel)
  {
    byte gyro_byte, accel_byte;
```
// 配置陀螺仪
```
    digitalWrite(MS5611_CS, LOW);
    SPI.transfer(gyro_config);          //gyro_config 为配置寄存器地址
    if (gyro==0)
    {
gyro_scale_fact =(float)250*0.0305;
```
// 当 gyro==0 为真，角速度测量范围选用 ±250°/s，数据为 16 位，0.0305=1000/32767，则有 gyro_scale_fact=(float)250*0.0305 单位为 milli degree/s
```
      gyro_byte = 0b00000000;
    }else if (gyro == 1)
    {
gyro_scale_fact = 500*0.0305;
```
// 当 gyro==1 为真，角速度测量范围选用 ±500°/s，数据为 16 位，0.0305=1000/32767，则有 gyro_scale_fact=(float)500*0.0305 单位为 milli degree/s
```
      gyro_byte = 0b00001000;
    }else if (gyro == 2)
    {
gyro_scale_fact = 1000*0.0305;
```
// 当 gyro==2 为真，角速度测量范围选用 ±1000°/s，数据为 16 位，0.0305=1000/32767，则有 gyro_scale_fact=(float)1000*0.0305 单位为 milli degree/s
```
      gyro_byte = 0b00010000;
    }else if (gyro == 3)
    {
gyro_scale_fact = 2000*0.0305;
```

```
                                          // 当 gyro==3 为真，角速度测量范
                                          围选用 ±2000°/s，数据为 16 位，
                                          0.0305=1000/32767，则有 gyro_
                                          scale_fact=(float)2000*0.0305
                                          单位为 milli degree/s
  gyro_byte = 0b00011000;
}else
{
  gyro_scale_fact = 1;
}
SPI.transfer(gyro_byte);
digitalWrite(MS5611_CS, HIGH);
                                      //Setting up Accel
digitalWrite(MS5611_CS, LOW);
SPI.transfer(accel_config);           // 配置寄存器地址
if (accel==0)
{
accel_scale_fact =(float)2*g*0.0305;
                                          // 当 accel==0 为真，加速度计测
                                          量范围选用 2g，数据为 16 位，
                                          0.0305=1000/32767，则有 accel_
                                          scale_fact=(float)2*g*0.0305
                                          单位为 mm/s²
  accel_byte = 0b00000000;
}else if (accel == 1)
{
accel_scale_fact = 4*g*0.0305;
                                          // 当 accel==1 为真，加速度计测
                                          量范围选用 4g，数据为 16 位，
                                          0.0305=1000/32767，则有 accel_
                                          scale_fact=(float)4*g*0.0305
                                          单位为 mm/s²
accel_byte = 0b00001000;
}else if (accel == 2)
{
accel_scale_fact = 8*g*0.0305;
                                          // 当 accel==2 为真，加速度计测
                                          量范围选用 8g，数据为 16 位，
                                          0.0305=1000/32767，则有 accel_
                                          scale_fact=(float)8*g*0.0305
                                          单位为 mm/s²
  accel_byte = 0b00010000;
}else if (accel == 3)
```

```
                    {
accel_scale_fact = 16*g*0.0305;
```

// 当 accel==3 为真，加速度计测量范围选用 16g，数据为 16 位，0.0305=1000/32767，则有 accel_scale_fact=(float)16*g*0.0305 单位为 mm/s^2

```
      accel_byte = 0b00011000;
    }else
    {
      accel_scale_fact = 1;
    }
     SPI.transfer(accel_byte);
    digitalWrite(MS5611_CS, HIGH);
  };
```

// 偏差补偿方法，修饰 private 类的私有方法

```
void MPU6000：：OffsetCal(){
  int x=0，y=0，z=0，i;
  ReadData();
  ReadData();
```

// 陀螺仪偏差估算

```
  x=gyro_x;
  y=gyro_y;
  z=gyro_z;
  for (i=1;i<=1000;i++){
    ReadData();
    x=(x+gyro_x)/2;
    y=(y+gyro_y)/2;
    z=(z+gyro_z)/2;
  }
  gyro_x_OC=x;
  gyro_y_OC=y;
  gyro_z_OC=z;
  x=accel_x;
  y=accel_y;
  z=accel_z;
  for (i=1;i<=1000;i++){
    ReadData();
    x=(x+accel_x)/2;
    y=(y+accel_y)/2;
    z=(z+accel_z)/2;
  }
```

```
    accel_x_OC=x;
    accel_y_OC=y;
    accel_z_OC=z-(float)g*1000;
};
void MPU6000::InitMPU(int BW, int gyro, int accel)
                                              // 初始化工作
{
    ResetWake();
    SetGains(gyro, accel);                    // 设置最小刻度
    SetDLPF(0);                               // 将 DLPF 设置为无穷的频带宽度作为
                                              //   标准
    OffsetCal();
    SetDLPF(BW);                              // 将 DLPF 设置为最低的频带宽度
};
MPU6000  mpu;                                 // 使用 MPU6000 类声明对象变量 mpu
void setup() {
                                              // 将启动程序放此处，运行一次

    Serial.begin(9600);
    SPI.begin();                              //I²C 总线首先要声明 Master 设备
    mpu.InitMPU(6, 0, 1);                     // 传感器初始化，包括：重置、测量量
                                              //   程、偏差补偿、设置数字滤波器等

}
void loop() {
    mpu.ReadData();                           // 传感器读取数据并处理计算
    Serial.println(mpu.accel_x_scalled);
    Serial.println(mpu.accel_y_scalled);
    Serial.println(mpu.accel_z_scalled);
    Serial.println(mpu.gyro_x_scalled);
    Serial.println(mpu.gyro_y_scalled);
    Serial.println(mpu.gyro_z_scalled);
    Serial.println(mpu.temp_scalled);
    delay(1000);
}
```

第10章

中断、键盘和显示

外部中断是 CPU 计算模型的一种模式，当 CPU 工作时，有外界信号输入，则暂停当前 CPU 的计算，程序执行外部信号指定的函数程序，可以形象地比喻成一个正在玩耍的小孩，忽然听到妈妈喊他回家吃饭，小孩暂停正在玩耍的游戏，而改为回家吃饭，等吃完饭后，再回来继续玩游戏。这种计算模式也是 CPU 计算模型之一。

10.1　Arduino Mega2560 开发板的中断资源

Arduino Mega2560 开发板上中断资源有 4 个，中断模式多种多样。

在 Arduino Mega2560 开发板上有 6 个外部中断，编号分别为 Eternal Interrupts：pin2-Interrupt 0，pin3-Interrupt 1，pin21-Interrupt 2，pin20-Interrupt 3，pin19-Interrupt 4，pin18-Interrupt 5，分别与引脚 2、3、21、20、19、18 相连，即只有 2、3、21、20、19、18 引脚能够激活外部中断。

attachInterrupt（interrupt、function、mode）：指定一个外部中断发生时的程序调用的函数，替代程序前面指定的任何函数，其中：

interrupt：代表中断号，共有 0、1、2、3、4、5。

function：代表中断调用的指定函数，对这个函数有 2 个特殊要求，一是必须没有输入参数，二是也没有返回值。可参见中断服务程序，数据的传递引来一个 volatile 类型修饰的变量。

mode：代表外部中断触发模式，有 LOW，即低电平触发外部中断；CHANGE，当引脚电平改变时触发，即引脚上升沿或者下降沿都触发外部中断；RISING，仅仅上升沿触发外部中断；FALLING，仅仅下降沿触发外部中断。

外部中断 CPU 处理等级很高，当执行外部中断时，至少会发生以下情况：delay() 不再工作，millis() 函数不再增加，收到串口数据将会丢失，而且在中断程序中，所有重新赋值的变量必须都声明为 volatile 修饰的变量，因此外部中断要求很高。

detachInterrupt（interrupt）函数是与 attachInterrupt（interrupt、function、mode）作用相反的一个函数，用于关闭指定的外部中断。参数 interrupt 代表中断号。

interrupts()：使能中断，使中断生效，与 noInterrupt() 函数对立。

例如：

```
int ledPin = 13;
volatile int ledState = LOW;          // 该变量用于控制 LED 灯的亮灭

void setup() {
                                      // 将启动程序放此处，运行一次
  pinMode(ledPin, OUTPUT);
  attachInterrupt(0, blinky, LOW);    // 使用外部中断 0，即数字端口 2，低电
                                         平触发
  Serial.begin(9600);
```

```
}

void loop() {
                                    // 将主程序放此处，重复运行
  digitalWrite(ledPin, ledState);
  Serial.print("led state is : ");
  Serial.println(ledState);
  Serial.print("pin2 : ");
  Serial.println(digitalRead(2));
}

void blinky(){                      // 中断调用函数
  ledState = !ledState;             // 对 LED 灯状态取反
}
```

做实验时，数字端口 2 可接开关或电位计，拉低端口 2 的电平将触发中断 0，此时调用 blinky() 函数，对 LED 灯状态取反，串口监视窗由于中断发生而停止信息输出。抬高端口 2 的电平，程序返回 loop() 函数中断位置开始执行，LED 灯状态改变，串口监视窗输出信息。

10.2　键盘输入

矩阵键盘是单片机外部设备中所使用的排布类似于矩阵的键盘组。在键盘中按键数量较多时，为了减少 I/O 口的占用，通常将按键排列成矩阵形式，如图 10-1 所示。在矩阵键盘中，每条水平线和垂直线在交叉处不直接连通，而是通过一个按键加以连接。矩阵键盘输出引脚定义见图 10-2。

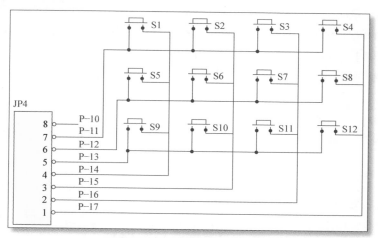

图10-1　矩阵键盘接线原理图

图10-2　矩阵键盘输出引脚定义

Keypad 类：在 Arduino 中可以使用 Keypad 内部库实现对矩阵键盘的控制。其主要的功能函数如下：

char waitForKey()：等待键盘输入，意味着不能做其他计算，如 LED 闪烁等。

char getKey()：返回输入键盘值。

KeyState getState()：返回当前状态，比如 IDLE、PRESSED、RELEASED、HOLD 等状态。

addEventListener(keypadEvent)：增加键盘事件，可参见下载的库中的例题。

setHoldTime(unsigned int time)：设置按键状态保持的时间，单位为 ms。

setDebounceTime(unsigned int time)：设置键盘等待的 ms 时间，直到获得一个新的键盘输入，否则，超过这个时间就执行下一步操作。

添加 Keypad 类。

（1）下载地址：https://www.addicore.com/product-p/142.htm，下载库后解压缩。

（2）启动 Arduino IDE 菜单："sketch" → "导入库" → "添加库"，选择解压缩的目录。Arduino IDE 添加 Keypad 库如图 10-3 所示。

图10-3　Arduino IDE添加Keypad库示意图

（3）这样就可以在菜单 "sketch" → "导入库" → Keypad 库，选择包含这个库。

下面做一个获取矩阵键盘输入的程序，将图 10-2 中矩阵键盘引脚 1~7 分别接至 Arduino Mega2560 开发板 39~45 引脚，实物接线如下图 10-4 所示。

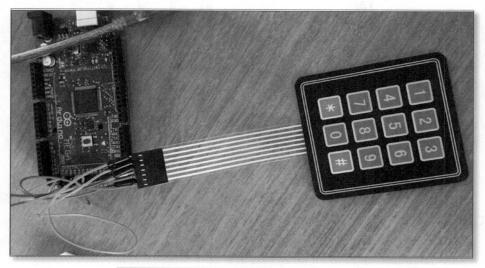

图10-4 4*3矩阵键盘与Mega2560开发板实验

获取矩阵键盘输入的程序如下：

```
#include <Keypad.h>
const byte ROWS = 4;             // 矩阵键盘的行数
const byte COLS = 3;             // 矩阵键盘的列数
                                 // 定义矩阵键盘的符号
char hexaKeys[ROWS][COLS] = {
  { '1',' 2',' 3' },
  { '4',' 5',' 6' },
  { '7',' 8',' 9' },
  { '*',' 0',' #' }
};
byte rowPins[ROWS] = {45, 44, 43, 42};
                                 // 接键盘的四行，42~45 分别对应键盘引脚 4~7
byte colPins[COLS] = {41, 40, 39};
                                 // 接键盘的三列，39~41 分别对应键盘引脚 1~3
                                 // 实例化 Keypad 类对象
Keypad customKeypad = Keypad( makeKeymap(hexaKeys), rowPins,
colPins, ROWS, COLS);
void setup() {
                                 // 将启动程序放此处，运行一次
  Serial.begin(9600);
}
```

```
void loop() {
char customKey = customKeypad.getKey();
                        // 获取按键内容

 if (customKey){
Serial.println(customKey);
 }
}
```

下载程序到 Arduino Mega2560 开发板后，通过串口监视键盘输入值，如图 10-5 所示。

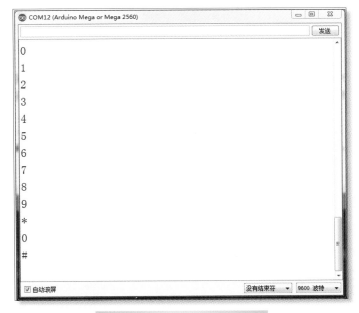

图10-5　串口监视键盘输入值

10.3　字符型液晶显示模块

Arduino 中有 Liquildcrystal Displays(LCD) 库，这个库支持 Hitachi HD44780 及其兼容的芯片组。这组芯片支持大多数文本 LCD。本文使用 QC1602A 字符型液晶显示模块，该模块是专门用于显示字母、数字、符号等的点阵型液晶显示模块。分 4 位和 8 位数据传输方式，提供 5×7 点阵和光标的显示模式。提供显示数据缓冲区字符发生器 CGRAM，可以使用 CGRAM 来存储自己定义的最多 8 个 5×8 点阵的图形字符的字模数据。提供了丰富的指令设置：清显示；光标回原点；显示开 / 关；光标开 / 关；显示字符闪烁；光标移位；显示移位等。提供内部上电自动复位电路，当外加电源的

电压超过 +4.5V 时，自动对模块进行初始化操作，将模块设置为默认的显示工作状态。

显示内容为 2 行，每行显示 16 个字符，每个字符大小为 5×8 点阵，有光标则为 5×7 点阵。字符发生器 RAM 可根据客户需求，定做中文等不同国家的字符。

液晶显示模组 (LCM) 的 LCD 颜色有黄绿色、蓝色和灰色可供客户进行选择。LED 背光颜色有黄绿色、橙色、白色、红色、翠绿色和蓝色可供客户进行选择。

引脚说明：

背光电源：A 供电，K 接地。

工作电压：VSS 接地，VDD 工作电压，V0 是可调电压，控制前景色调节对比度。

引脚：RS 数据命令选择，RW 读写选择，E 使能引脚，d0~d7 双向数据引脚。

Mega2560 开发板与字符型 LCD 显示模块接线示意图如图 10-6 所示。

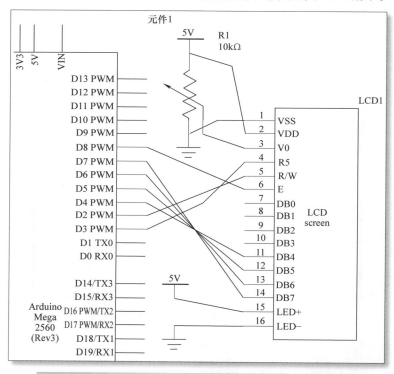

图10-6 Mega2560开发板与字符型LCD显示模块接线示意图

字符型液晶显示模块显示类：LiquidCrystal。

LiquidCrystal() 构造函数创建液晶显示对象，可以控制 4 线或 8 线显示模块，如果是前者，不连接 d0、d1、d2、d3、共 4 引脚，RW 引脚与地连接，替换与 Arduino 引脚的连接，如果是这样，省略函数一个虚参。语法如下：

```
LiquidCrystal(rs, enable, d4, d5, d6, d7)
LiquidCrystal(rs, rw, enable, d4, d5, d6, d7)
LiquidCrystal(rs, enable, d0, d1, d2, d3, d4, d5, d6, d7)
```

```
LiquidCrystal(rs, rw, enable, d0, d1, d2, d3, d4, d5, d6, d7)
```

　　构造函数的多态性，也定义了字符型液晶显示模块的多种连线方式，其中，rs 代表 Arduino 连接 LCD 引脚号，连接 LCD 的 RS 引脚；rw 代表与 LCD 模块的 RW 引脚连接的 Arduino 引脚号；enable 连接 LCD 模块的 enable 引脚的 Arduino 使能引脚，d0、d1、d2、d3、d4、d5、d6、d7 代表与 LCD 对应引脚连接的 Arduino 引脚号，其中 d0、d1、d2、d3 是选项引脚，可省略。

　　lcd.begin(cols，rows) 初始化 LCD 显示屏，定义维数、显示屏的宽度和高度，即显示列数和行数，这是 LCD 显示最先要调用的方法。初始化函数和构造函数使用实验如图 10-7 所示。

图10-7　初始化函数和构造函数使用实验

使用代码示例如下：

```
#include <LiquidCrystal.h>
LiquidCrystal lcd(2, 3, 8, 4, 5, 6, 7);
void setup() {
            // 将启动程序放此处，运行一次
  lcd.begin(16, 2);
  lcd.print("hello, world!");
}
void loop() {
            // 将主程序放此处，重复运行
}
```

127

lcd.clear()：清除屏幕，并确定光标位置在左上角

lcd.home()：确定光标在左上角位置

lcd.setCyrsor(col，row)：确定光标在 col 列，row 行

lcd.write(data)：向 LCD 写字符

lcd.print(data，base) 或 lcd.print(data)：输出字符在 LCD 上

lcd.cursor() 与 lcd.noCursor()：LCD 上显示或隐藏光标

lcd.blink() 与 lcd.noBlink()：LCD 上闪烁光标，或不闪烁光标

lcd.display() 与 lcd.noDisplay()：LCD 上显示字符内容，或隐藏显示内容

lcd.scrollDisplayLeft()：向左边滚动显示内容

lcd.scrollDisplayRight()：向右边滚动显示内容

lcd.autoscroll() 与 lcd.noAutoscroll()：自动滚动显示内容，从左到右，再从右到左；取消自动滚动动作

lcd.leftToRight() 或 lcd.rightToLeft()：左到右输出字符（默认）或右到左输出字符（默认）

lcd.createChar(num，data)：创建显示字符，最多 8 个，每个字符是 5×8 点阵。通过 write() 输出这个字符。

例如：创建笑脸的点阵，然后输出到 LCD 上

```
#include <LiquidCrystal.h>
LiquidCrystal lcd(2, 3, 8, 4, 5, 6, 7);  // 引脚接线定义
byte smiley[8] = {
  B00000,
  B10001,
  B00000,
  B00000,
  B10001,
  B01110,
  B00000 ,
};                              // 笑脸 smiley 点阵数据
void setup() {
                                // 将启动程序放此处，运行一次
  lcd.createChar(0, smiley); // 创建自定义点阵 smiley 到 LCD 的 0 存储位置
  lcd.begin(16, 2);             // 初始化 LCD 显示模块
  lcd.write(byte(0));           // 输出笑脸到 LCD 上
}

void loop() {
                                // 将主程序放此处，重复运行
}
```

下面结合上面的例子，举例说明自动滚动方法的使用：

```
#include <LiquidCrystal.h>
LiquidCrystal lcd(2, 3, 8, 4, 5, 6, 7);
byte smiley[8] = {
  B00000,
  B10001,
  B00000,
  B00000,
  B10001,
  B01110,
  B00000 ,
};                                // 笑脸 smiley 点阵数据
void setup() {
                                  // 将启动程序放此处，运行一次
  lcd.createChar(0, smiley); // 创建自定义点阵 smiley 到 LCD 的 0 存储位置
  lcd.begin(16, 2);               // 初始化 LCD 显示模块
}

void loop() {
  lcd.setCursor(0, 0);            // 设置光标位置，就是字符输出位置
                                  // 输出 0~9 然后输出 smiley
  for (int thisChar = 0; thisChar < 10; thisChar++) {
   lcd.print(thisChar);
   delay(500);
  }
  lcd.write(byte(0));             // 输出笑脸到 LCD 上
  lcd.setCursor(16, 1);           // 设置光标位置
  lcd.autoscroll();               // 自动滚动
                                  // 输出字符 0~9 在当前光标位置
  for (int thisChar = 0; thisChar < 10; thisChar++) {
    lcd.print(thisChar);
    delay(500);
  }
  lcd.write(byte(0));             // 输出笑脸到 LCD 上
  lcd.noAutoscroll();             // 停止滚动
  lcd.clear();                    // 清屏上字符
}
```

程序的实验和动态效果如图 10-8 所示。

图10-8　LCD显示字符滚动的动态效果实验

第11章

数据存储

E^2PROM 数据存储、SD 卡数据存储，这些数据存储都能够在掉电的情况下保证数据不丢失，这样就可以保存一些程序特别依赖的数据，比如硬件定义的数据、采集的传感器历史数据等。下面就单片机读写这些数据的方法举例说明。

11.1 E^2PROM 数据储存与读取

Arduino Mega2560 开发板上的主芯片 Atmel AVR2560 上有 4K 的 E^2PROM 存储空间，保存在 E^2PROM 上的数据在掉电的情况下也不会丢失，这样 E^2PROM 常常用来保存一些应用程序数据，就像计算机的硬盘一样，同时，Arduino 给开发者提供了 E^2PROM 上的数据存储函数。

byte EEPROM.Read(address) 函数，返回读取 1 个字节的数据，address 范围 0~4095，针对 Mega2560 开发板。

EEPROM.write(address,value) 函数，向 address 的地址写 value 变量数据，address 的范围 0~4095，针对 Arduino Mega2560 开发板。

那么如果保存 int 和 long、float 类型的数据，就需要 2 个字节和 4 个字节。下面举例说明：

```
#include <EEPROM.h>           // 包含头文件, 是 Arduino 提供的库函数
int intm=1024;                // 要保存到 EEPROM 中的整形数据
long lngl=12341255;           // 要保存到 EEPROM 中的长整形数据
int k=0;
void setup() {
                              // 将启动程序放此处，运行一次
  Serial.begin(9600);
  longWrite(0,lngl);          //lngl 长整形数据保存到起始地址为 0 的存储空
                                间内
  intWrite(10,intm);          //intm 整形数据保存到起始地址为 10 的存储空间内
}
void loop() {
                              // 将主程序放此处，重复运行
  long l;
  int i;
  l=longRead(0);              // 读取长整型数据
  i=intRead(10);              // 读取整数数据
  Serial.println(l);          // 输出长整型数，参见串口输出画面
  Serial.println(i);          // 输出整数
  delay(100);
}
                              // 此函数保存长整型数
void longWrite(int address,long lvalue)
```

```
{
    byte b[4];
    int i;
    b[0]=lowByte(lvalue);     // 把 4 个字节的数据提取出来，
    b[1]=lowByte(lvalue>>8);
    b[2]=lowByte(lvalue>>16);
    b[3]=lowByte(lvalue>>24);
                              // 分别保存 4 个字节到 EEPROM
    for (i=0;i<4;i++)
        EEPROM.write(address+i,b[i]);
}
                              // 读取长整型数据
long longRead(int address)
{
    byte b[4];
    int i;
    for (i=0;i<4;i++)         // 读取 4 个字节的长整型数，address 为起始地址
        b[i]=EEPROM.read(address+i);
    return((long)b[3])<<24 | ((long)b[2])<<16 | ((long) b[1])<<8 | b[0];
                              // 将 4 个字节合并构成长整型数
}
void intWrite(int address,int lvalue)
{
    byte b[2];
    int i;
    b[0]=lowByte(lvalue);     // 低字节数，2 个字节的整数
    b[1]=highByte(lvalue);    // 高字节数
    for (i=0;i<2;i++)
        EEPROM.write(address+i,b[i]);  // 保存到 EEPROM
}
int intRead(int address)      // 读取 2 个字节的整数
{
    byte b[2];
    int i;
    for (i=0;i<2;i++)
        b[i]=EEPROM.read(address+i);  // 分别读取数据到 2 个字节
    return   ((int) b[1])<<8 | b[0];  // 返回数据
}
```

读取 E^2PROM 中数据输出见下图 11-1。

图11-1　读取E²PROM中数据输出

11.2　I²C 总线的 E²PROM 数据存储与读取

AT24C256 芯片是 I²C 接口的 E²PROM 存储模块，256K 数据存储空间，I²C 上的 7 位地址是 0x50。

```
#include <Wire.h>
                                    // 声明 I²C 总线连接的 EEPROM 存储类
                                       EEPROMI2C
class EEPROMI2C
{
    private :
        int deviceaddress;          //I²C 总线设备地址
    public :
        EEPROMI2C(int d_address);       // 构造函数，初始化地址
        int intRead(int address);       // 读整数方法
        void intWrite(int address,int lvalue);  // 写整数方法
        long longRead(int address);     // 读长整型数方法
        void longWrite(int address,long lvalue);  // 写长整型数方法
};
EEPROMI2C : : EEPROMI2C(int d_address) // 构造函数
{
        deviceaddress=d_address;        // 给定设备 7 位地址
};
```

```
int EEPROMI2C∷intRead(int address)
{    int b[2];
     int i;
     Wire.beginTransmission(deviceaddress); //I²C 开始传递
     Wire.write((int)(address >> 8));        //MSB，高位地址
     Wire.write((int)(address & 0xFF));      //LSB，低位地址
     Wire.endTransmission();                 // 结束传递
     Wire.requestFrom(deviceaddress,2);      // 获取 2 位数据
     for (i=0;i<2;i++)
        if (Wire.available()) b[i]=Wire.read();
                                  // 分别读取数据到 2 个字节
     return  (b[1]<<8)|b[0] ;     // 返回数据
};
void EEPROMI2C∷intWrite(int address,int lvalue)
{
     int b[2];
     int i;
     b[0]=lowByte(lvalue);             // 低字节数，2 个字节的整数
     b[1]=lowByte(lvalue>>8);          // 高字节数
     Wire.beginTransmission(deviceaddress); // 开始传递数据
     Wire.write((int)(address >> 8));       //MSB，传地址高位
     Wire.write((int)(address & 0xFF));     //LSB，传地址低位
     for ( i = 0; i < 2; i++)
       Wire.write(b[i]);              // 传整型数据
     Wire.endTransmission();          // 结束传递数据
};
long EEPROMI2C∷longRead(int address)
{    int b[4];
     int i;
     Wire.beginTransmission(deviceaddress); // 传递数据开始
     Wire.write((int)(address >> 8));       //MSB，地址高位
     Wire.write((int)(address & 0xFF));     //LSB，地址低位
     Wire.endTransmission();           // 传递数据结束
     Wire.requestFrom(deviceaddress,4);     // 接收 4 个字节
     for (i=0;i<4;i++)
        if (Wire.available()) b[i]=Wire.read();
                                  // 分别读取数据到 4 个字节
     return((long)b[3])<<24 | ((long)b[2])<<16 | ((long) b[1])<<8 | b[0];
                                  // 返回长整型数
};
void EEPROMI2C∷longWrite(int address,long lvalue)
{
     int b[4];
```

```
    int i;
    b[0]=lowByte(lvalue);                // 把 4 个字节的数据提取出来
    b[1]=lowByte(lvalue>>8);
    b[2]=lowByte(lvalue>>16);
    b[3]=lowByte(lvalue>>24);
    Wire.beginTransmission(deviceaddress);// 开始传递数据
    Wire.write((int)(address >> 8));        //MSB，地址高位
    Wire.write((int)(address & 0xFF));      //LSB，地址低位
    for ( i = 0; i < 4; i++)
      Wire.write(b[i]);                  // 传递 4 个字节数据
    Wire.endTransmission();            // 结束传递数据
};
EEPROMI2C e2p(0x50);                 // 使用 EEPROM I2C 类，声明一个对象
                                       e2p，地址 0x50 为 7 位设备地址
int intm=8665;                       // 要保存到 EEPROM 中的整型数据
long lngl=87658255;                  // 要保存到 EEPROM 中的长整型数据
void setup() {
                                     // 将启动程序放此处，运行一次
  Serial.begin(9600);
  Wire.begin();
  e2p.intWrite(1000,intm);           // 写整型数据到 I2C 总线上的设备
  e2p.longWrite(10,lngl);            // 写长整型数据到 I2C 总线上的设备
}
void loop(){
                                     // 将主程序放此处，重复运行
  long l;
  int in;
  delay(100);
  in=e2p.intRead(1000);              // 读取 I2C 总线上整数数据
  l=e2p.longRead(10);                // 读取 I2C 总线上长整型数据
  Serial.println(in);                // 输出整数
  Serial.println(l);                 // 输出长整型数据，参见串口输出画面
}
```

I^2C 连线方式的 E^2PROM 数据存储实验如图 11-2 所示。

串口输出读取 I^2C 总线设备 E^2PROM 上的数据如图 11-3 所示。

图11-2 I²C连线方式的E²PROM数据存储实验

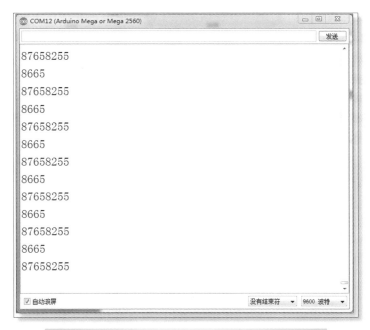

图11-3 串口输出读取I²C总线设备E²PROM上的数据

11.3 SPI 总线的 SD 存储卡数据读写

Arduino 提供了 SD 库，提供的对象可以在 SD 卡上读写数据，使 G 级数据的保存有了单片机技术方案。SD 卡库是建立在 sdfatlib 库基础上，在标准的 SD 卡上支持 FAT16 和 FAT32 文件系统，并用短名称文件名命名文件，传递到 SD 卡文件系统的文件名可以包括路径区分符号"/"，例如"directory/filename.txt"。因为 SD 卡的工作目录大都是根目录，因此文件前面的路经分隔符"/"可以不包含，"/file.txt"等同于"file.txt"。

SD 卡与单片机的连接采用 SPI 总线通信，即 Mega2560 的 50、51、52 引脚，附带的 53 引脚可以用于片选信号，片选信号当然也可以选择其他引脚。以下是 SD 库的常用相关方法。

SD.begin() 或 SD.begin(cspin)：初始化 SD 库和 SD 卡，使用 50、51、52 和 53 引脚，cspin 是片选信号引脚，如果选用其他引脚作为片选信号，那么该引脚必须是输出模式，否则 SD 卡不会工作。

SD.mkdir(directoryname)：在 SD 卡上创建目录，例如 SD.mkdir(a/b/c)，则创建 a 目录下的 b 目录下的 c 目录。

SD.exists(filename)：测试在 SD 卡上是否存在 filename 文件或目录。

SD.open(filepath) 或 SD.open(filepath,mode)：打开 SD 卡上的文件 filepath，如果打开了则可写数据，如果不存在该文件（但目录一定要存在），则创建该文件。mode 用于确定打开文件的模式，参数：FILE_READ 为打开文件用于读数据，FILE_WRITE 为打开文件在文件结尾开始读写。函数返回文件句柄对象 File。

File.close()：关闭文件实例 file，与 SD.open 对应。

File.println(data) 或 file.println() 或 File.println(data,base)：启用新行向文件写数据 data，base 代表写数据的格式，BIN(二进制)，DEC(十进制)，OCT(八进制)，HEX(十六进制)。

File.print(data) 或 File.print(data,base)：向文件的当前行写数据 data，按照 base 定义的格式，参看 println 方法中的 base 定义。

File.read()：从文件中读 1 个字节数据，返回。

File.position()：返回读写文件的当前位置，返回 long 整型数据。

File.seek(pos)：搜索到 pos 位置，pos 必须在文件大小的中间。

下面的程序举例说明如何向 SD 卡上写数据文件。

```
#include <SD.h>
#include <SPI.h>
int pinAnalog=7;              // 模拟信号输入引脚
int cspin=53;                 // 片选信号 CS 连接在 53 引脚
int value;                    // 定义变量
```

```
long tlog;                            // 定义时间记录变量
void setup() {
                                      // 将启动程序放此处，运行一次
    Serial.begin(9600);
    pinMode(cspin,OUTPUT);
    if(!SD.begin(cspin))
    {
        Serial.println("card failed initialzed");
        return;
    }
    Serial.println("card initialized ok");
}
void loop() {
                                      // 将主程序放此处，重复运行
    tlog=millis();
    value= analogRead(pinAnalog);
    Serial.print(tlog);
    Serial.print(", ");
    Serial.print(value);
    Serial.print("\n");
    File dataFile=SD.open("datalog.txt",FILE_WRITE);
    if(dataFile)
    {
        dataFile.print(tlog);
        dataFile.print(", ");
        dataFile.print(value);
        dataFile.print("\n");
        dataFile.close();
    }
    delay(100);
}
```

SPI 总线连接的 SD 卡数据读写实验的实物连接如图 11-4 所示。

图11-4　SPI总线连接的SD卡数据读写实验实物图